まえがき

　この本は，主として，大学理工系の"常微分方程式"のテキストです．
　万物は流転する ──
　物体の運動・電流の流れ方・生物の増え方のような自然現象，ファッションの伝播のような社会現象，"時々刻々移ろい変わる"現象は，多く微分方程式によって記述されます．
　微分方程式は，自然科学・社会科学に必須の分野になっています．
　この本では，理論的にも応用面にも重要な"線形微分方程式"を中心に，常微分方程式の入門部分を扱いました．
　私は，完成品としての微分方程式論を天下り的に記述するという方式ではなく，**roots・motivation** を大切にし，微分方程式の諸概念がどのように形成されたかが，明らかにされるよう努めました．
　どんな名曲も，譜面だけを見ているより，楽器による演奏によって名曲が実感されるのではないでしょうか．
　実体不明の空理空論より，**数値的具体例**によって，なるほどそうか！ という納得に達するのではないでしょうか．
　しかし，悲鳴をあげるような積分計算の洪水は，微分方程式の本道を見失いかねません．この本では，**計算は単純**をモットーにしました．
　この本が，未来を生きる若い諸君のお役に立てば幸いです．
　共立出版(株)の寿日出男さん・吉村修司さん・大越隆道さんは，企画・編集・出版をともに歩んで下さいました．楽しくこの本を書くことができました．心よりお礼申し上げます．

　　　2006 年 9 月

　　　　　　　　　　　　　　　　　　　　　　　　　　　小　寺　平　治

目次

微分法　公式・要項集　vi
積分法　公式・要項集　viii
線形代数　基本要項集　x
便利な　基本公式集　xii

Chapt. 1　微分方程式序説

§1　微分方程式第一歩　2
§2　微分方程式の基礎概念　10
§3　変数分離形　16
§4　1階線形　24
§5　完全微分形　30

Chapt. 2　線形微分方程式

§6　同次線形微分方程式　40
§7　非同次線形微分方程式　50
§8　連立線形微分方程式・1　60
§9　連立線形微分方程式・2　68
§10　演算子と逆演算子　74
§11　演算子と線形微分方程式　82

Chapt. 3　級数解・近似解

　§12　級数解　　　　　　　　　　　　92
　§13　近似解　　　　　　　　　　　　100

演習問題の解または略解　　　　　　107
索　引　　　　　　　　　　　　　　126

□ **本書を使用される先生方へ：**

　各§は，1コマ(90分)の授業のごくおおよその目安といたしましたが，ある§を省き，他の§の掘り下げた解説・演習にまわすなど，自由にご利用いただけると思います．

　基本事項は"ポイント"としてまとめ，
　　　定義には，■（ハコ）をつけ，
　　　定理には，●（マル）をつけました．

微分法　公式・要項集

● 基本関数の導関数

$f(x)$	$f'(x)$	$f(x)$	$f'(x)$
x^α	$\alpha x^{\alpha-1}$	C	0
e^x	e^x	$\log x$	$\dfrac{1}{x}$
$\cos x$	$-\sin x$	$\cos^{-1} x$	$-\dfrac{1}{\sqrt{1-x^2}}$
$\sin x$	$\cos x$	$\sin^{-1} x$	$\dfrac{1}{\sqrt{1-x^2}}$
$\tan x$	$\dfrac{1}{\cos^2 x}$	$\tan^{-1} x$	$\dfrac{1}{1+x^2}$

$f(x)$	$f^{(n)}(x)$	$f(x)$	$f^{(n)}(x)$
x^α	$\alpha(\alpha-1)\cdots(\alpha-n+1)x^{\alpha-n}$	e^x	e^x
$\cos x$	$\cos\left(x+\dfrac{n}{2}\pi\right)$	$\sin x$	$\sin\left(x+\dfrac{n}{2}\pi\right)$

● 微分法の公式 I

和・差・積・商の微分法

$(af(x)+bg(x))' = af'(x)+bg'(x)$

$(f(x)g(x))' = f'(x)g(x)+f(x)g'(x)$

$\left(\dfrac{f(x)}{g(x)}\right)' = \dfrac{f'(x)g(x)-f(x)g'(x)}{g(x)^2}$

合成関数の微分法

$(f(g(x)))' = f'(g(x))g'(x)$

$\dfrac{dy}{dx} = \dfrac{dy}{du}\dfrac{du}{dx} \qquad (y=f(u),\ u=g(x))$

● **微分法の公式 II**

$(af + bg)^{(n)} = af^{(n)} + bg^{(n)}$

$(fg)'' = f''g + 2f'g' + fg''$

$(fg)''' = f'''g + 3f''g' + 3f'g'' + fg'''$ （**ライプニッツの公式**）

● **陰関数の微分法**

$F(x, y) = 0$ によって定義される陰関数 $x \longmapsto y$ の導関数は，

$$\frac{dy}{dx} = -\frac{F_x(x, y)}{F_y(x, y)}$$

▶ **注** 実際には "$F(x, y) = 0$ の両辺を x で微分すると, …" と計算することが多い．

● **マクローリン級数**

$\dfrac{1}{1+x} = 1 - x + x^2 - x^3 + \cdots\cdots$ 　　　　　$(-1 < x < 1)$

$e^x = 1 + \dfrac{1}{1!}x + \dfrac{1}{2!}x^2 + \dfrac{1}{3!}x^3 + \cdots\cdots$ 　　　　$(-\infty < x < +\infty)$

$\log(1+x) = x - \dfrac{1}{2}x^2 + \dfrac{1}{3}x^3 - \dfrac{1}{4}x^4 + \cdots\cdots$ 　　$(-1 < x \leqq 1)$

$\log\dfrac{1+x}{1-x} = 2\left(x + \dfrac{1}{3}x^3 + \dfrac{1}{5}x^5 + \dfrac{1}{7}x^7 + \cdots\cdots\right)$ 　$(-1 < x < 1)$

$\cos x = 1 - \dfrac{1}{2!}x^2 + \dfrac{1}{4!}x^4 - \dfrac{1}{6!}x^6 + \cdots\cdots$ 　　　$(-\infty < x < +\infty)$

$\sin x = x - \dfrac{1}{3!}x^3 + \dfrac{1}{5!}x^5 - \dfrac{1}{7!}x^7 + \cdots\cdots$ 　　　$(-\infty < x < +\infty)$

$\sin^{-1} x = x + \dfrac{1}{2}\dfrac{x^3}{3} + \dfrac{1\cdot 3}{2\cdot 4}\dfrac{x^5}{5} + \dfrac{1\cdot 3\cdot 5}{2\cdot 4\cdot 6}\dfrac{x^7}{7} + \cdots$ 　$(-1 < x < 1)$

$\tan^{-1} x = x - \dfrac{1}{3}x^3 + \dfrac{1}{5}x^5 - \dfrac{1}{7}x^7 + \cdots\cdots$ 　　　$(-1 \leqq x \leqq 1)$

▶ **注** ベキ級数 $a_0 + a_1 x + a_2 x^2 + a_3 x^3 + \cdots$ の収束半径は，

$$r_0 = \lim_{n \to \infty}\left|\frac{a_{n+1}}{a_n}\right|$$

ただし, $r_0 = 0$, $r_0 = +\infty$ のこともある．

積分法　公式・要項集

● 基本関数の原始関数

$f(x)$	$\int f(x)\,dx$	$f(x)$	$\int f(x)\,dx$
x^a	$\dfrac{1}{a+1}x^{a+1}\quad(a\neq -1)$	$\dfrac{1}{x}$	$\log|x|$
e^x	e^x	$\log x$	$x(\log x - 1)$
$\cos x$	$\sin x$	$\cos^{-1} x$	$x\cos^{-1}x - \sqrt{1-x^2}$
$\sin x$	$-\cos x$	$\sin^{-1} x$	$x\sin^{-1}x + \sqrt{1-x^2}$
$\tan x$	$-\log|\cos x|$	$\tan^{-1} x$	$x\tan^{-1}x - \dfrac{1}{2}\log(1+x^2)$
$\dfrac{1}{x^2+a^2}$	$\dfrac{1}{a}\tan^{-1}\dfrac{x}{a}$	$\dfrac{1}{x^2-a^2}$	$\dfrac{1}{2a}\log\left|\dfrac{x-a}{x+a}\right|$
$\dfrac{1}{\sqrt{a^2-x^2}}$	$\sin^{-1}\dfrac{x}{a}$	$\dfrac{1}{\sqrt{x^2+A}}$	$\log|x+\sqrt{x^2+A}|$
$\sqrt{a^2-x^2}$	$\dfrac{1}{2}\left(x\sqrt{a^2-x^2}+a^2\sin^{-1}\dfrac{x}{a}\right)$	$\sqrt{x^2+A}$	$\dfrac{1}{2}\left(x\sqrt{x^2+A}+A\log|x+\sqrt{x^2+A}|\right)$

▶ **注**　上の公式で, $a>0$ とする.

● 置換積分

$$\int f(x)\,dx = \int f(g(t))g'(t)\,dt \quad [x=g(t)\text{ とおくタイプ}]$$

$$\int f(h(x))h'(x)\,dx = \int f(t)\,dt \quad [h(x)=t\text{ とおくタイプ}]$$

とくに, $\displaystyle\int \dfrac{f'(x)}{f(x)}\,dx = \log|f(x)|$

● 部分積分

$$\int f'(x)g(x)\,dx = f(x)g(x) - \int f(x)g'(x)\,dx$$

● 無理関数・三角関数の積分法

置換積分によって有理関数の積分に帰着される頻出型を記す．

被積分関数	置 換 法
$R(x, \sqrt[n]{ax+b})$	$\sqrt[n]{ax+b} = t$
$R(x, \sqrt{x^2+ax+b})$	$\sqrt{x^2+ax+b} = t-x$
$R(x, \sqrt{a^2-x^2})$	$x = a\sin t \quad (-\pi/2 \leq t \leq \pi/2)$
$R(x, \sqrt{a^2+x^2})$	$x = a\tan t \quad (-\pi/2 < t < \pi/2)$
$R(\cos x, \sin x)$	$\tan\dfrac{x}{2} = t$

▶ 注　$R(x, y)$ は，x，y の有理式を表わす．

● 便利な実用公式

$f(x)$	$\int f(x)\,dx$
$x\cos x$	$\cos x + x\sin x$
$x\sin x$	$\sin x - x\cos x$
$e^{px}\cos qx$	$\dfrac{1}{p^2+q^2}e^{px}(p\cos qx + q\sin qx)$
$e^{px}\sin qx$	$\dfrac{1}{p^2+q^2}e^{px}(p\sin qx - q\cos qx)$
$x\log x$	$\dfrac{1}{2}x^2\log x - \dfrac{1}{4}x^2$
xe^x	$(x-1)e^x$
xe^{-x}	$(-x-1)e^{-x}$
xe^{ax}	$\dfrac{1}{a}\left(x - \dfrac{1}{a}\right)e^{ax}$
$x^2 e^{ax}$	$\dfrac{1}{a}\left(x^2 - \dfrac{2x}{a} + \dfrac{2}{a^2}\right)e^{ax}$

▶ 注　一般に，x の多項式 $P(x)$ に対して，

$$\int P(x)e^{ax}\,dx = \frac{1}{a}\left(P(x) - \frac{P'(x)}{a} + \frac{P''(x)}{a^2} - \frac{P'''(x)}{a^3} + \cdots\right)e^{ax}$$

線形代数　基本要項集

●2次正方行列の固有値・標準化

固有値・固有ベクトル　Aを2次正方行列とするとき，
$$Ax = \lambda x, \quad x \neq 0$$
なるベクトル（線形変換 $x \mapsto Ax$ によって方向の変わらないベクトル）x が存在するとき，スカラーλを行列Aの**固有値**，xを固有値λに属する行列Aの**固有ベクトル**という．

2次正方行列 $A = [a_{ij}]$ に対して，λの2次式
$$\varphi_A(\lambda) = |\lambda E - A| = \begin{vmatrix} \lambda - a_{11} & -a_{12} \\ -a_{21} & \lambda - a_{22} \end{vmatrix}$$
を，Aの**固有多項式**，2次方程式 $\varphi_A(\lambda) = 0$ を，Aの**固有方程式**という．

1°　λはAの固有値　$\iff$　λはAの固有方程式の解

2°　Aの異なる固有値に属する固有ベクトルは一次独立．

行列の標準化　Aの固有多項式を，$\varphi_A(\lambda) = (\lambda - \alpha)(\lambda - \beta)$ とする．

（i）　$\alpha \neq \beta$ のとき：　p, q を，それぞれ，固有値α, βに属する固有ベクトルの一つとするとき，正則行列 $P = [\boldsymbol{p}\ \boldsymbol{q}]$ によって，Aは，
$$P^{-1}AP = \begin{bmatrix} \alpha & \\ & \beta \end{bmatrix}$$
のように対角化される．ただし，空白の位置の成分は0とする．

（ii）　$\alpha = \beta$ のとき：　行列Aが対角行列ならば，$A = \alpha E$ で，すでに対角行列．行列Aが対角行列でないならば，Aは正則行列によって対角化されない．そこで，このとき，pを固有値αに属する固有ベクトル，qを $Aq = \alpha q + p$ を満たすベクトルとすれば，正則行列 $P = [\boldsymbol{p}\ \boldsymbol{q}]$ によって，行列Aは，次のように標準化される：
$$P^{-1}AP = \begin{bmatrix} \alpha & 1 \\ & \alpha \end{bmatrix}$$

▶**注**　右辺の形の行列を，**2次ジョルダン行列**という．

2次実行列の標準化 2次実正方行列Aの固有値が，共役複素数$\alpha \pm \beta i$ (α, β：実数，$\beta \neq 0$)で，$x = p + iq$ (p, q：実ベクトル)が，この固有値$\alpha + \beta i$ に属する固有ベクトルであるとき，正則行列 $P = [\,\boldsymbol{p}\ \boldsymbol{q}\,]$ によって，行列Aは次のように標準化される：

$$P^{-1}AP = \begin{bmatrix} \alpha & \beta \\ -\beta & \alpha \end{bmatrix}$$

●ベクトル空間

ベクトル空間の公理 空でない集合Vに，次の1°~8°を満たすような元$\boldsymbol{0}$，和$\boldsymbol{a}+\boldsymbol{b}$，スカラー倍$t\boldsymbol{a}$，逆元$-\boldsymbol{a}$が定義されているとき，$V$を**ベクトル空間**，$V$の元を**ベクトル**，条件1°~8°をベクトル空間の**公理(系)**という．

  1° $(\boldsymbol{a}+\boldsymbol{b})+\boldsymbol{c} = \boldsymbol{a}+(\boldsymbol{b}+\boldsymbol{c})$ 5° $t(\boldsymbol{a}+\boldsymbol{b}) = t\boldsymbol{a}+t\boldsymbol{b}$
  2° $\boldsymbol{a}+\boldsymbol{b} = \boldsymbol{b}+\boldsymbol{a}$ 6° $(s+t)\boldsymbol{a} = s\boldsymbol{a}+t\boldsymbol{a}$
  3° $\boldsymbol{a}+\boldsymbol{0} = \boldsymbol{a}$ 7° $(st)\boldsymbol{a} = s(t\boldsymbol{a})$
  4° $\boldsymbol{a}+(-\boldsymbol{a}) = \boldsymbol{0}$ 8° $1\boldsymbol{a} = \boldsymbol{a}$

基底・次元 次の(1), (2)を同時に満たすVのベクトル$\boldsymbol{b}_1, \boldsymbol{b}_2, \cdots, \boldsymbol{b}_r$を，ベクトル空間の**基底**という：

（1） $\boldsymbol{b}_1, \boldsymbol{b}_2, \cdots, \boldsymbol{b}_r$は，一次独立．

（2） Vのどの元も，$\boldsymbol{b}_1, \boldsymbol{b}_2, \cdots, \boldsymbol{b}_r$の一次結合になっている．

一つのベクトル空間Vは，いろいろな基底をもつが，それらの基底は，どれも，同一個数のベクトルから成る．この同一個数rをベクトル空間Vの**次元**とよび，$\dim V$と記す．有限個のベクトルから成る基底をもたないベクトル空間Vを**無限次元**ベクトル空間という．

ベクトル空間の例 典型的な具体例を挙げる．

  1. $\boldsymbol{R}^n$：n次元実数ベクトルの全体．n次元．
  2. $P(n\,;\boldsymbol{R})$：高々n次の実係数(1変数)多項式の全体．$n+1$次元．
  3. $P(\boldsymbol{R})$：実係数(1変数)多項式の全体．無限次元．
  4. 一つの数係数同次線形微分方程式 $y'' + ay' + by = 0$ の解の全体．2次元．

便利な　基本公式集

●三角関数

$\tan x = \dfrac{\sin x}{\cos x}, \quad \cot x = \dfrac{\cos x}{\sin x}, \quad \sec x = \dfrac{1}{\cos x}, \quad \operatorname{cosec} x = \dfrac{1}{\sin x}$

$\cos^2 x + \sin^2 x = 1, \quad 1 + \tan^2 x = \sec^2 x$

$\cos(x + 2\pi) = \cos x, \quad \sin(x + 2\pi) = \sin x, \quad \tan(x + \pi) = \tan x$

$\cos(\alpha \pm \beta) = \cos \alpha \cos \beta \mp \sin \alpha \sin \beta,$
$\sin(\alpha \pm \beta) = \sin \alpha \cos \beta \pm \cos \alpha \sin \beta \qquad \tan(\alpha \pm \beta) = \dfrac{\tan \alpha \pm \tan \beta}{1 \mp \tan \alpha \tan \beta}$

$\cos 2\theta = \cos^2 \theta - \sin^2 \theta$
$\qquad = 2\cos^2 \theta - 1 = 1 - 2\sin^2 \theta, \quad \tan 2\theta = \dfrac{2\tan \theta}{1 - \tan^2 \theta}$

$\sin 2\theta = 2\cos \theta \sin \theta$

$\cos^2 \theta = \dfrac{1 + \cos 2\theta}{2}, \quad \sin^2 \theta = \dfrac{1 - \cos 2\theta}{2}, \quad \cos \theta \sin \theta = \dfrac{1}{2}\sin 2\theta$

$\cos 3\theta = 4\cos^3 \theta - 3\cos \theta, \quad \sin 3\theta = 3\sin \theta - 4\sin^3 \theta$

$\cos^3 \theta = \dfrac{3\cos \theta + \cos 3\theta}{4}, \quad \sin^3 \theta = \dfrac{3\sin \theta - \sin 3\theta}{4}$

$2\cos \alpha \cos \beta = \cos(\alpha + \beta) + \cos(\alpha - \beta), \quad \cos A + \cos B = 2\cos \dfrac{A+B}{2} \cos \dfrac{A-B}{2}$

$-2\sin \alpha \sin \beta = \cos(\alpha + \beta) - \cos(\alpha - \beta), \quad \cos A - \cos B = -2\sin \dfrac{A+B}{2} \sin \dfrac{A-B}{2}$

$2\sin \alpha \cos \beta = \sin(\alpha + \beta) + \sin(\alpha - \beta), \quad \sin A + \sin B = 2\sin \dfrac{A+B}{2} \cos \dfrac{A-B}{2}$

$2\cos \alpha \sin \beta = \sin(\alpha + \beta) - \sin(\alpha - \beta), \quad \sin A - \sin B = 2\cos \dfrac{A+B}{2} \sin \dfrac{A-B}{2}$

$\tan \dfrac{\theta}{2} = t$ のとき, $\cos \theta = \dfrac{1 - t^2}{1 + t^2}, \quad \sin \theta = \dfrac{2t}{1 + t^2}, \quad \tan \theta = \dfrac{2t}{1 - t^2}$

$\dfrac{1 - \cos \theta}{\sin \theta} = \dfrac{\sin \theta}{1 + \cos \theta} = \tan \dfrac{\theta}{2}, \quad \cos \theta \pm \sin \theta = \sqrt{2} \cos\left(\theta \mp \dfrac{\pi}{4}\right)$

●逆三角関数

$y = \cos^{-1} x \iff x = \cos y, \qquad 0 \le y \le \pi$

$y = \sin^{-1} x \iff x = \sin y, \qquad -\pi/2 \le y \le \pi/2$

$y = \tan^{-1} x \iff x = \tan y, \qquad -\pi/2 < y < \pi/2$

● 指数関数・対数関数

$a^{x+y} = a^x a^y, \quad a^{xy} = (a^x)^y, \quad (ab)^x = a^x b^x \quad (a, b > 0)$

$a^0 = 1, \quad a^{-x} = \dfrac{1}{a^x}, \quad a^{x-y} = \dfrac{a^x}{a^y} \quad (a > 0)$

$a^{\frac{1}{n}} = \sqrt[n]{a}, \quad a^{\frac{m}{n}} = \sqrt[n]{a^m} \quad (a > 0)$

$y = \log_a x \iff x = a^y \quad (0 < a \neq 1), \quad a^x = e^{x \log a}$

$\log_a 1 = 0, \quad \log_a a = 1, \quad \log_e x を \log x と記す. \quad e^{\log x} = x$

$\log_a MN = \log_a M + \log_a N, \quad \log_a M^p = p \log_a M \quad (M, N > 0)$

$\log_a \dfrac{M}{N} = \log_a M - \log_a N, \quad \log_a b = \dfrac{\log_c b}{\log_c a}$

● オイラーの公式

$$e^{i\theta} = \cos\theta + i\sin\theta$$

▶ 注 $\quad e^{i\theta} = 1 + \dfrac{i\theta}{1!} + \dfrac{(i\theta)^2}{2!} + \dfrac{(i\theta)^3}{3!} + \dfrac{(i\theta)^4}{4!} + \cdots\cdots$

$\qquad\qquad = \left(1 - \dfrac{\theta^2}{2!} + \dfrac{\theta^4}{4!} + \cdots\right) + i\left(\theta - \dfrac{\theta^3}{3!} + \dfrac{\theta^5}{5!} - \cdots\right)$

● 極限値

$\displaystyle\lim_{x \to +\infty} \dfrac{1}{x} = \lim_{x \to -\infty} \dfrac{1}{x} = 0, \quad \lim_{x \to +0} \dfrac{1}{x} = +\infty, \quad \lim_{x \to -0} \dfrac{1}{x} = -\infty$

$\displaystyle\lim_{x \to \pm\infty} \left(1 + \dfrac{1}{x}\right)^x = \lim_{h \to 0} (1+h)^{\frac{1}{h}} = e, \quad \lim_{h \to 0} \dfrac{e^h - 1}{h} = 1$

$\displaystyle\lim_{x \to 0} \dfrac{\sin x}{x} = 1, \quad \lim_{x \to 0} \dfrac{1 - \cos x}{x^2} = \dfrac{1}{2}, \quad \lim_{n \to \infty} \dfrac{a^n}{n!} = 0 \quad (a > 0)$

$\displaystyle\lim_{n \to \infty} \sqrt[n]{a} = 1 \quad (a > 0), \quad \lim_{n \to \infty} \sqrt[n]{n} = 1, \quad \lim_{n \to \infty} r^n = \begin{cases} +\infty & (r > 1) \\ 1 & (r = 1) \\ 0 & (|r| < 1) \end{cases}$

$\displaystyle\lim_{n \to \infty} n^a r^n = 0 \quad (|r| < 1, \ a > 0)$

$\displaystyle\lim_{x \to +0} x^a = \begin{cases} 0 & (a > 0) \\ 1 & (a = 0) \\ +\infty & (a < 0) \end{cases} \qquad \lim_{x \to +\infty} x^a = \begin{cases} +\infty & (a > 0) \\ 1 & (a = 0) \\ 0 & (a < 0) \end{cases}$

$\displaystyle\lim_{x \to +\infty} \dfrac{e^x}{x^a} = +\infty, \quad \lim_{x \to +\infty} \dfrac{x^a}{\log x} = +\infty, \quad \lim_{x \to +0} x^a \log x = 0$

Chapter 1 微分方程式序説

　いま，こうだ（初期条件）
　この調子でいけば（微分方程式）
という**局所的な情報**から，
　こうなる（微分方程式の解）
という**大域的な法則**を求めることが，微分方程式論の基本構造である．
　小川の各地点での流れの方向が既知のとき，小川のある地点に手離した笹舟の描く流線こそ微分方程式の**解曲線**に他ならない．

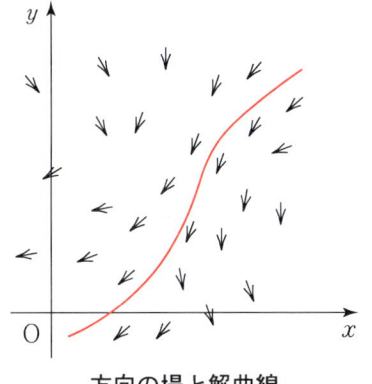

方向の場と解曲線

§1　微分方程式第一歩　………　2
§2　微分方程式の基礎概念　…　10
§3　変数分離形　………………　16
§4　1階線形　…………………　24
§5　完全微分形　………………　30

§1 微分方程式第一歩

— ルーツを知ろう —

コーヒーの冷め方と微分方程式

学生街の喫茶店アリンコ．コーヒーの味と香りは評判である．

いま，運ばれてきた60℃のコーヒーを5分間放置しておいたら，何度になるだろうか？　また，このコーヒーが40℃になるのは，何分後のことだろうか？　なお，室温は，つねに20℃であるとする．

ニュートンの冷却法則

物体の温度の低下（上昇）速度は，外気との温度差に比例する．

いま，入れてから t 分後のコーヒーと店内との温度差を $x(t)$ ℃ とする．ニュートンの冷却法則によれば，コーヒーの温度 $(x+20)$ ℃ の低下速度 $\dfrac{d}{dt}(x+20) = \dfrac{dx}{dt}$ は，温度差 x に比例するから，

$$\frac{dx}{dt} = kx \qquad \cdots\cdots\cdots\cdots\cdots\cdots Ⓐ$$

この店の場合，$k = -0.032$ であることが確かめられている．

このように，ある関数の導関数を含んだ等式を**微分方程式**という．

微分方程式を満たす関数を**解**とよび，解を求めることを，微分方程式を**解く**という．また，最初，コーヒーと室温の差は，$60-20 = 40$ 度，すなわち，$x(0) = 40$．このような条件を，**初期条件**という．

▶注　x が t の関数のとき，ふつう $x = f(t)$ などと記すが，微分方程式の場合，単に $x = x(t)$ とかいてしまうことが多い．

この本では，いろいろなタイプの微分方程式について，その解き方を述べ

るのであるが，上の微分方程式Ⓐなら，目の子でも解ける．

微分しても変わらない関数は e^t．微分しても，せいぜい定数倍 kx になるのは，指数関数 e^{kt} であろう．

では，微分方程式Ⓐが $x = e^{kt}$ 以外の解をもつだろうか？

いま，Ⓐの任意の解 x と e^{kt} との比を u とする．すなわち，Ⓐの解を
$$x = u\,e^{kt}$$
とおき，Ⓐへ代入する：
$$\frac{d}{dt}(u\,e^{kt}) = k\,u\,e^{kt}$$
$$\therefore\ \frac{du}{dt}e^{kt} + u\,k\,e^{kt} = k\,u\,e^{kt} \qquad \blacktriangleleft 積の微分法$$
$$\therefore\ \frac{du}{dt} = 0 \quad \therefore\ u = C \quad (定数)$$

したがって，Ⓐの解は次の形に限ることが分かった．
$$x = C\,e^{kt} \quad\cdots\cdots\cdots\cdots\cdots\cdots\cdots\cdots\ ①$$

大切な結果なので，まとめておく．

●ポイント ────────────────── $x' = kx$ の一般解 ─

$$\frac{dx}{dt} = kx \ \Longrightarrow\ x = C\,e^{kt} \quad (C：任意定数)$$

このとき，C を**任意定数**とよぶ．この C に具体的数値を代入して得られる個々の関数は，すべて解になっているので，これら個々の解を**特殊解**とよび，任意定数を含んだ解を**一般解**とよぶ．

コーヒーの話にもどろう．

$t = 0$ を，解①へ代入して，初期条件 $x(0) = 40$ を用いると，
$$40 = C\,e^{k \times 0} \quad \therefore\ C = 40$$

このように，初期条件から，任意定数の値が決まる：
$$x = 40\,e^{kt} \quad (k = -0.032) \quad\cdots\cdots\cdots\ ①'$$

したがって，5分後のコーヒーは，
$$室温 + 温度差 = 20 + 40\,e^{-0.032 \times 5} \fallingdotseq 54.1 \quad (度)$$
である．

また，コーヒーが 40°C（温度差 20°C）になるのは，
$$20 = 40 e^{kt}$$
$$\therefore \quad kt = \log \frac{20}{40} = \log \frac{1}{2} \doteqdot -0.693$$
$$\therefore \quad t = \frac{-0.693}{-0.032} = 21.6 \cdots$$

$\boxed{e^A = B \iff A = \log B}$

コーヒーを入れてから，約 22 分後である．

自然現象・社会現象と微分方程式

典型的なものを，いくつか列挙する．

例（放射崩壊） ラジウム・ウラニウムなどの放射性元素は，放射線を出し，自然崩壊しながら安定した元素へ変化する．

その崩壊速度は，その時点での残存量に比例する．時刻 t における質量を $x(t)$ とすると，
$$\frac{dx}{dt} = kx \quad (k < 0)$$

例（人口増加） 人口（一般に生物の個体数）の増加率は，その時点での人口に比例する，と考えられる．時刻 t における人口を $x(t)$ とすると，
$$\frac{dx}{dt} = kx$$

ここに，k は出生率 a と死亡率 b との差 $a-b$ で，増殖率とよばれる．

このとき，$k > 0$（出生率 > 死亡率）ならば，人口は時間とともに指数関数的に増加する．まだ人口が少なく，食住環境が良好ならば人口はこの法則（マルサスの法則）に従うであろう．

しかし，次第に人口が増加し，食料や住宅事情が悪くなってくると，人口増加は抑制される．たとえば，食料の供給が制限されると，死亡率は一定ではなく，人口に比例する または 人口の対数に比例する，などと考えると，人口は，それぞれ，次の微分方程式で記述される：

$$\frac{dx}{dt} = (a - bx)x \quad \text{（ロジスティック方程式）}$$

$$\frac{dx}{dt} = (a - b \log x)x \quad \text{（ゴムパーツ方程式）}$$

例(バネの振動) 上端を固定し，鉛直につるした軽いつるまきバネの下端に質量 m のおもりをつける．おもりが停止しているおもりの位置を原点 O とし(図の B)，下向きを正の方向とする．

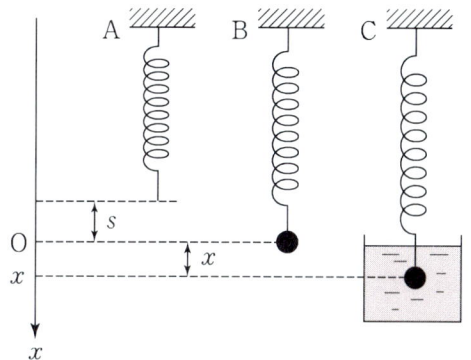

A：自然長の状態
B：おもりをつけて停止した状態
C：ダッシュポットをつけた状態

図の B で，弾力はバネの伸縮の長さに比例する(フックの法則)から，
$$mg = ks \quad (k：バネ定数)$$

図の C で，おもりを停止状態から下へ x だけ引いて放すとき，おもりに働く力は，下向きに mg，上向きに $k(s+x)$，ダッシュポット(油の粘性によって振動を抑える装置)内で速度に比例する抵抗力，が働くから，
$$m\frac{d^2x}{dt^2} = mg - k(s+x) - c\frac{dx}{dt}$$

上の $mg = ks$ を用いて整理すると，おもりの運動は，微分方程式
$$\frac{d^2x}{dt^2} + \gamma\frac{dx}{dt} + \omega^2 x = 0 \quad \left(\gamma = \frac{c}{m},\ \omega^2 = \frac{k}{m}\ \text{とおいた}\right) \quad Ⓐ$$
によって記述される．さらに，おもりに外力 $f(t)$ が加わる場合は，
$$\frac{d^2x}{dt^2} + \gamma\frac{dx}{dt} + \omega^2 x = f(t) \quad \cdots\cdots\cdots\cdots\quad Ⓑ$$

▶**注** Ⓐの場合を**自由振動**，Ⓑの場合を**強制振動**ということがある．

先ほどの $\dfrac{dx}{dt} = kx$ のように，未知関数の第 1 次導関数だけを含む微分方程式を，**1 階微分方程式**といい，バネ振動のように第 2 次導関数まで含むものを，**2 階微分方程式**という．

例(**電気回路**) 図のような交流回路を考える．

コイル：L ヘンリー
抵抗：R オーム
コンデンサー：C ファラッド
（蓄積された電気量：$Q(t)$ クーロン）

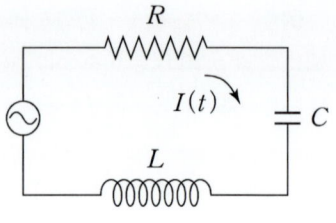

とする．$E(t)$ ボルトの外部電圧を通じたとき，流れる電流を $I(t)$ アンペアとすれば，コイル，抵抗，コンデンサーでの電圧降下は，それぞれ，$L\dfrac{dI}{dt}$, RI, $\dfrac{1}{C}Q$ であるから，

$$L\frac{dI}{dt} + RI + \frac{1}{C}Q = E(t) \quad \text{（キルヒホッフの法則）}$$

ところで，$I = \dfrac{dQ}{dt}$ （電流は電荷の時間的変化） だから，

$$L\frac{d^2Q}{dt^2} + R\frac{dQ}{dt} + \frac{1}{C}Q = E(t)$$

また，両辺を t で微分すると，

$$L\frac{d^2I}{dt^2} + R\frac{dI}{dt} + \frac{1}{C}I = E'(t)$$

が得られる．

方向の場

ここでは，変数に x を，未知関数に y を用いることにする．
いま，次の微分方程式を考えよう：

$$\frac{dy}{dx} = f(x, y) \quad \cdots\cdots\cdots\cdots\cdots\cdots Ⓐ$$

$\dfrac{dy}{dx}$ は，点 (x, y) における接線の傾きだから，平面上の各点 (x, y) に，傾き $f(x, y)$ の小矢印を記入するとき，**方向の場**が与えられたという．また，関数 $f(x, y)$ を方向の場ということもある．曲線 $f(x, y) = k$ 上のどの点にも同一の傾き k の小矢印が記入されるので，曲線 $f(x, y) = k$ を，**等傾線**ということがある．

このとき，微分方程式Ⓐの**解曲線**(解のグラフ)を求めるには，$y(a)=b$ なる初期条件が与えられていれば，点(a,b)を通って方向の場を表わす小矢印と各点で接する曲線を見出せばよい．

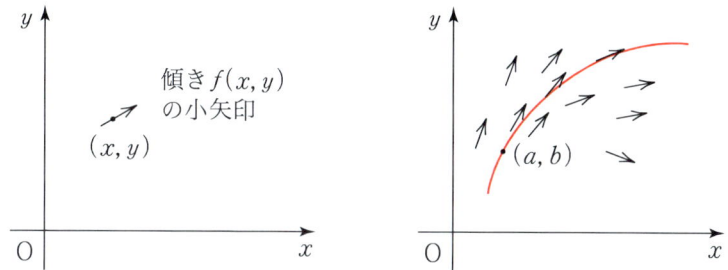

方向の場が与えられている，ということは，小川の各地点ごとに流れの方向が決まっていることであり，曲折しながら流れる小川で，水面に浮かぶ笹舟の描く曲線が微分方程式の解曲線である．

例
$$\frac{dy}{dx} = x^2 + y$$

の方向の場と，それを用いて，点$(0,-1)$を通る解曲線を描けば，図のようになる．初期条件 $y(0)=-1$ を満たす解のグラフである．

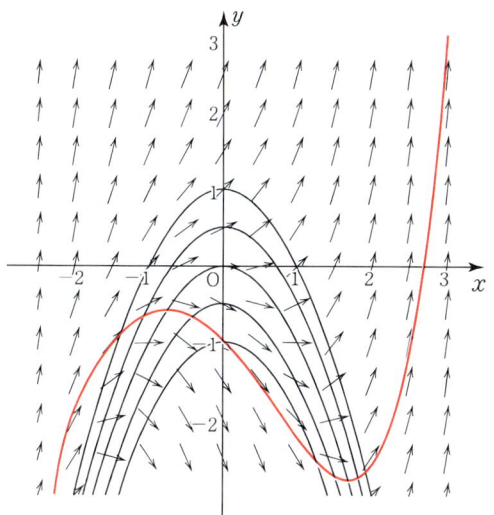

例題 1.1　　　　　　　　　微分方程式と方向の場

xy 平面上で，接線が両軸によって切り取られる線分の中点が，つねに接点になっているような曲線を考える．

（1）　この曲線の満たす微分方程式を作れ．
（2）　この曲線で点 $(1,1)$ を通るものを，方向の場を利用して描け．

【解】（1）　この曲線上の点 $(t, y(t))$ における接線の方程式は，
$$y = y'(t)(x-t) + y(t)$$
これが，x 軸と点 $(2t, 0)$ で交わることから，
$$0 = y'(t)(2t-t) + y(t)$$
$$\therefore \quad ty'(t) + y(t) = 0$$

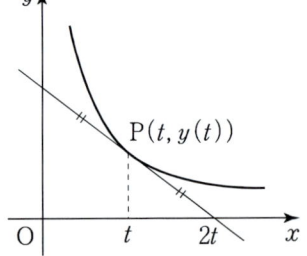

この式が，すべての t について成立することから，求める微分方程式は，
$$xy' + y = 0$$

（2）　$y' = -\dfrac{y}{x}$ の方向の場と $(1,1)$ を通る解曲線を描く．

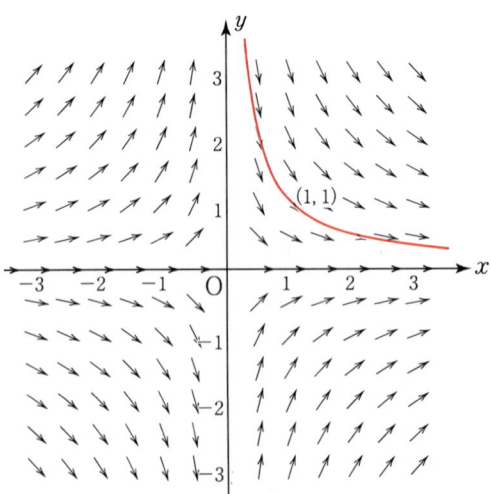

演習問題

1.1 ラジウムは，放射線を出し自然崩壊しながら安定した元素へ変化する．その崩壊速度は，そのときの残存量に比例し，ラジウムの半減期(はじめの半分の量になるまでの時間)は，約1600年である．

ラジウムの量が1/10になるには，何年かかるか．ただし，$\log 2 \fallingdotseq 0.69$, $\log 10 \fallingdotseq 2.30$ である．

1.2 ヤカンの湯は，ガスを止めて5分間に，80°Cから60°Cまで下った．この湯が40°Cになるのには，あと何分かかるか．室温は20°Cである．ただし，$\log 2 \fallingdotseq 0.69$, $\log 3 \fallingdotseq 1.10$ である．

1.3 右のような長さ l の細い糸の下端につけられた質量 m のおもりは，重力の作用だけを受けるものとする．

おもりの運動方程式を考えることにより，おもりの運動を示す微分方程式を作れ．

▶注 おもりの加速度 α は移動距離を $x = l\theta$ とすると，
$$\alpha = \frac{d^2 s}{dt^2}.$$

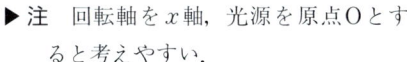
単振子

1.4 回転面を反射面とする鏡面がある．

回転軸上の定点を光源とするすべての光線が鏡面によって回転軸に平行に反射されるとき，回転面を含む平面による切口の曲線が満たす微分方程式を作れ．

▶注 回転軸を x 軸，光源を原点Oとすると考えやすい．

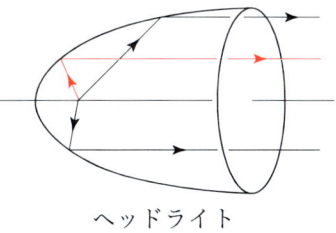
ヘッドライト

1.5 次の微分方程式の方向の場を用いて，与えられた初期条件を満たす解曲線を描け．

(1) $y' = 3x^2$, $\quad y(-1) = 0$

(2) $y' = y(1-y)$, $\quad y(0) = 2$

(3) $y' = x + y$, $\quad y(0) = 0$

§2　微分方程式の基礎概念

――――― 一般解って何？ ―――――

微分方程式

§1で，自然現象・社会現象を表現する微分方程式の具体例を見た．

そこで，あらためて，微分方程式とその関連事項をまとめておく．

これまでの例では，独立変数は時刻 t であったが，ここでは，独立変数に x，未知関数に y を用いることにする．

いま，y を n 回微分可能な x の関数とするとき，$x, y, y', \cdots, y^{(n)}$ のあいだの関係式

$$f(x, y, y', \cdots, y^{(n)}) = 0$$

を，未知関数 y に関する**微分方程式**という．このとき，$n+2$ 変数の関数 $f(x_1, x_2, \cdots, x_{n+2})$ に，各変数 x_i についての何回($\geqq 0$)かの連続微分可能性を仮定するのがふつうである．

微分方程式に現われる導関数の最高次数を，微分方程式の**階数**という．

また，$y, y', y'', \cdots, y^{(n)}$ のいずれについても1次式になっている

$$y^{(n)} + P_1(x) y^{(n-1)} + \cdots + P_{n-1}(x) y' + P_n(x) y = Q(x)$$

の形の微分方程式を，**n 階線形微分方程式**という．ただし，各 $P_i(x)$ および $Q(x)$ は，x だけの関数である．

また，$Q(x) = 0$ のとき**同次**，$Q(x) \neq 0$ のとき**非同次**という．

例　(1)　$y'' + (x+2) y' - x^3 y = 0$ 　　は，2階・同次線形．
　　　(2)　$y'' + (x+2) y' - xy = e^x$ 　　は，2階・非同次線形．
　　　(3)　$y''' - xy' + xy = y^2$ 　　は，3階・非線形．
　　　(4)　$(y')^2 + 2xy' + y = 0$ 　　は，1階・非線形．

また，次のように，未知数が複数個の場合を**連立微分方程式**という．

$$\begin{cases} \dfrac{dx}{dt} = 2x + 3y + e^t \\ \dfrac{dy}{dt} = 4x - 5y + \cos t \end{cases}$$

一般解・特殊解

ある区間で，微分方程式 $f(x, y, y', \cdots, y^{(n)}) = 0$ を満たす関数 $y(x)$ を，この微分方程式の**解**といい，解を求めることを，微分方程式を**解く**という．

与えられた微分方程式に，微分演算・積分演算・代数演算(四則・ベキ根演算)・変数変換などを有限回施して解を求める方法を**求積法**という．

求積法によって解ける微分方程式は，ごく限られた形であり，求積法の他に**級数解・近似解・数値解**を求める方法もある．

さて，たとえば，次の関数を考えよう：
$$y = Ae^{2x} + Be^{3x} \quad \cdots\cdots\cdots\cdots\cdots\cdots ①$$
ただし，A, B は，任意の定数である．

この両辺を微分し，y', y'' を求めると，
$$y' = 2Ae^{2x} + 3Be^{3x} \quad \cdots\cdots\cdots\cdots\cdots\cdots ②$$
$$y'' = 4Ae^{2x} + 9Be^{3x} \quad \cdots\cdots\cdots\cdots\cdots\cdots ③$$

いま，①×6＋②×(−5)＋③ を作ると，A, B が消えて，
$$y'' - 5y' + 6y = 0 \quad \cdots\cdots\cdots\cdots\cdots\cdots Ⓐ$$

このように，関数①は，つねにⒶを満たすから，関数①は，2階線形微分方程式Ⓐの解である．また，解①は，2個の任意定数 A, B を含んでいる．

一般に，n 個の任意定数を含んでいる n 階微分方程式の解を，**一般解**といい，一般解の任意定数に具体的数値を代入して得られる個々の解を**特殊解**という．

上の例でいえば，一般解①で，たとえば，$A = 4$, $B = -5$ とおいて得られる次の関数は，微分方程式Ⓐの特殊解である：
$$y = 4e^{2x} - 5e^{3x}$$

▶注 たとえば，$y = Ae^{2x} + Be^{2x}$ は，見掛上2個の任意定数を含んだⒶの解ではあるが，$A + B$ をあらためてAとおけば，$y = Ae^{2x}$ とかけるので，$y = Ae^{2x} + Be^{2x}$ は，Ⓐの一般解ではない．

さて，n 階微分方程式
$$f(x, y, y', \cdots, y^{(n)}) = 0$$
について，点aで［$x = a$ における］条件

$$y(a) = b_0, \quad y'(a) = b_1, \cdots, y^{(n-1)}(a) = b_{n-1}$$

を満たす（特殊）解を求める問題を**初期値問題**，この条件を**初期条件**という．

　[**例**]　2階線形微分方程式 $y'' - 2y' + y = 0$ について，

　　（1）　$y = Ae^x + Bxe^x$ は，一般解であることを示せ．

　　（2）　初期条件 $y(1) = e$, $y'(1) = -e$ を満たす特殊解を求めよ．

　解　（1）　$y' = (A+B)e^x + Bxe^x$, $y'' = (A+2B)e^x + Bxe^x$
このとき，

$$\begin{array}{rl} y'' = & (A+2B)e^x + Bxe^x \\ -2y' = & -2(A+B)e^x - 2Bxe^x \\ + \quad y = & Ae^x + Bxe^x \\ \hline y'' - 2y' + y = & 0 \end{array}$$

（2）　$y(1) = Ae + Be$, $y'(1) = Ae + 2Be$　となるから，

$$\begin{cases} Ae + Be = e \\ Ae + 2Be = -e \end{cases} \quad \therefore \quad \begin{cases} A = 3 \\ B = -2 \end{cases}$$

ゆえに，求める特殊解は，

$$y = 3e^x - 2xe^x \qquad \square$$

　[**例**]
$$y = \frac{1}{x^2 - A} \qquad \cdots\cdots\cdots\cdots \text{①}$$

は，次の1階微分方程式の一般解であることを示せ：

$$y' + 2xy^2 = 0 \qquad \cdots\cdots\cdots\cdots \text{Ⓐ}$$

　解　$y = \dfrac{1}{x^2 - A}$ のとき，$y' = -\dfrac{2x}{(x^2 - A)^2}$
だから，

$$y' + 2xy^2 = -\frac{2x}{(x^2-A)^2} + 2x\left(\frac{1}{x^2-A}\right)^2 = 0$$

よって，関数①は，微分方程式Ⓐの一般解である．　　　$\square$

　▶**注**　定数関数 $y = 0$ も，明らかに，Ⓐの解であるが，一般解①の任意定数 A に，どんな具体的数値を代入しても，$y = 0$ は得られない．

　　しかし，この一般解①で，あらためて，

$$A = \frac{1}{B}$$

とおいて得られる次の関数も，微分方程式Ⓐの一般解である：

$$y = \frac{1}{x^2 - \frac{1}{B}} = \frac{B}{Bx^2 - 1}$$

◀一般解の表現は，必ずしも一意的ではない！

解 $y=0$ は，この形の一般解で $B=0$ とおいた特殊解である．また，一般解①で，$A = \pm\infty$ の場合の特殊解と考えることもできる．

特異解

たとえば，
$$y = (x - C)^2 \qquad \cdots\cdots\cdots\cdots ①$$
のとき，$y' = 2(x - C)$ だから，この関数は，明らかに，微分方程式
$$(y')^2 - 4y = 0 \qquad \cdots\cdots\cdots\cdots Ⓐ$$
の解になっている．しかも，一般解である．

ところで，この微分方程式Ⓐをよく見ると，定数関数
$$y = 0 \qquad \cdots\cdots\cdots\cdots ②$$
もⒶの解になっていることが分かる．しかし，一般解①の任意定数 C にいかなる具体的数値を与えても，$y=0$ という解は得られない．

このように，一般解の任意定数にいかなる具体的数値を与えても，さらに極限 $\to \pm\infty$ を考えても得られない解をもてば，それを**特異解**という．

上の微分方程式Ⓐが，このような二種類の解をもつ事情を調べてみよう．
そこで，とりあえず，Ⓐの両辺を x で微分してみると，
$$2y'y'' - 4y' = 0$$
$$\therefore \quad y'(y'' - 2) = 0 \qquad \cdots\cdots\cdots\cdots Ⓑ$$
$$\therefore \quad y' = 0 \text{ または，} y'' - 2 = 0 \qquad \cdots\cdots Ⓑ'$$

（ i ） $y' = 0$ のとき：

　$y = C$（定数）．これを，Ⓐへ代入して，$y = 0$ なる解が得られる．

（ ii ） $y'' = 2$ のとき：
$$y' = 2x + A, \quad y = x^2 + Ax + B$$
これをⒶへ代入して，$B = A^2/4$．
$$\therefore \quad y = x^2 + Ax + A^2/4 = (x + A/2)^2$$
$C = -A/2$ とおいて，
$$y = (x - C)^2 \qquad \cdots\cdots\cdots\cdots ①$$

▶注　一般解は"最も一般的な解"を意味しない．
　　たとえば，上の一般解と特殊解とをつないだ関数

$$y = \begin{cases} (x-C_1)^2 & (x < C_1) \\ 0 & (C_1 \leqq x \leqq C_2) \\ (x-C_2)^2 & (C_2 < x) \end{cases}$$

も，微分方程式Ⓐの解になっているのである．

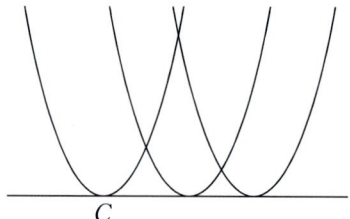
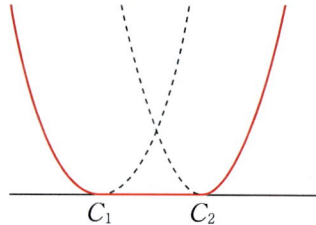

　　上の推論から，なぜ，このような解が得られないのか？　じつは，Ⓑ′の $y=0$, $y'-2=0$ の一方だけが，全区間 $-\infty < x < +\infty$ で成り立っている必要はなく，たとえば，次のようになっていてもよいからである：

$$\begin{cases} C_1 \leqq x \leqq C_2 \text{ で，} y=0 \\ \text{その他の範囲で，} y''-2=0 \end{cases}$$

任意定数の消去

$$x^2 + (y-C)^2 = C^2 \quad \cdots\cdots\cdots\cdots\quad ①$$

は，円を表わし，C の値ごとに一つの円が定まる．それでは，この円群①の**すべての円に共通の性質**は何であろうか？　それには，①から，いろいろな値を取る任意定数 C を含まない式を導けばよい．

　　そこで，①から得られる

$$x^2 + y^2 = 2Cy \quad \cdots\cdots\cdots\cdots\quad ①'$$

の両辺を x で微分して，

$$2x + 2yy' = 2Cy' \quad \cdots\cdots\cdots\quad ②$$

これら，①′，②から，C を消去すれば，

$$(x^2 - y^2)y' = 2xy \quad \cdots\cdots\cdots\quad Ⓐ$$

これが，円群①の微分方程式である．

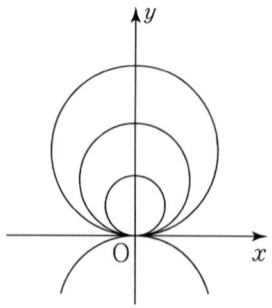

━━━ 例題 2.1 ━━━━━━━━━━━━━━━━━━━━━━━━━━━━━━━ 任意定数の消去 ━━━

次の関数を一般解とするような階数の最も低い微分方程式を作れ．

（1） $y = \dfrac{2}{x} + \dfrac{A}{x^3}$ 　　　　　（2） $y = \cos(Ax+B)$

【解】（1） $y = \dfrac{2}{x} + \dfrac{A}{x^3}$ 　∴ $A = x^3 y - 2x^2$

$\quad\qquad y' = -\dfrac{2}{x^2} - \dfrac{3A}{x^4}$ 　∴ $x^4 y' + 2x^2 + 3A = 0$

任意定数 A を消去すると，
$$x^4 y' + 2x^2 + 3(x^3 y - 2x^2) = 0$$
ゆえに，求める微分方程式は，
$$x^2 y' + 3xy - 4 = 0$$

（2） $y = \cos(Ax+B)$ ……………①

$\qquad y' = -A\sin(Ax+B)$ ……②

$\qquad y'' = -A^2 \cos(Ax+B)$ ……③

①，②より， $\quad y^2 + (-y'/A)^2 = 1$

①，③より， $\quad y'' = -A^2 y$

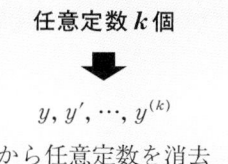

任意定数 k 個
↓
$y, y', \cdots, y^{(k)}$
から任意定数を消去

これらの二つの式から，求める微分方程式は，
$$(1-y^2) y'' + y(y')^2 = 0 \qquad \square$$

|||||||||||| 演習問題 ||||||||||||||||||||||||||||||||||||||||||||||||||||||||||||||||||||||||||||||||||

2.1 次の関数は，[　　]内の微分方程式の解であることを確かめよ．

（1） $y = Ae^{2x}$ 　　　　　　[$y' = 2y$]

（2） $y = Ae^{3x} + Be^{4x}$ 　　[$y'' - 7y' + 12y = 0$]

（3） $y = e^{5x}(A+Bx)$ 　　　[$y'' - 10y' + 25y = 0$]

（4） $y = e^x(A+Bx+Cx^2)$ 　[$y''' - 3y'' + 3y' - y = 0$]

2.2 次の関数を一般解とする階数の最も低い微分方程式を作れ．

（1） $y = Ax^2 + B$ 　　　　　（2） $x^2 + y^2 = A$

（3） $y = e^x(A\cos x + B\sin x)$ 　（4） $y = Ax + Be^x$

§3 変数分離形
―――― 積分するだけで解ける！ ――――

変数分離形
未知関数 y の導関数が，
$$（x \text{だけの関数}）\times（y \text{だけの関数}）$$
となっているような，
$$\frac{dy}{dx} = P(x)Q(y) \qquad \cdots\cdots\cdots\cdots Ⓐ$$
という形の微分方程式を，**変数分離形**という．たとえば，
$$\frac{dy}{dx} = (x^2+1)\left(y+\frac{1}{y}\right) \text{ は，変数分離形であるが，}$$
$$\frac{dy}{dx} = 2x+3y \text{ は，変数分離形ではない．}$$
さて，変数分離形の微分方程式Ⓐを解いてみよう．
微分方程式Ⓐより，
$$\frac{1}{Q(y)}\frac{dy}{dx} = P(x)$$
ここで，合成関数の微分法によって，
$$\frac{d}{dx}\int\frac{1}{Q(y)}dy = \frac{d}{dy}\int\frac{1}{Q(y)}dy\cdot\frac{dy}{dx} = \frac{1}{Q(y)}\frac{dy}{dx} = P(x)$$
$$\therefore \quad \frac{d}{dx}\int\frac{1}{Q(y)}dy = P(x)$$
両辺を x で積分して，微分方程式Ⓐは，次のように解ける：
$$\int\frac{1}{Q(y)}dy = \int P(x)\,dx + C \qquad \cdots\cdots\cdots (*)$$
また，$Q(b)=0$ となる定数 b が存在すれば，
$$\text{定数関数} \quad y = b$$
も，明らかに，Ⓐの解である．

なお，$(*)$ には，積分記号は含まれているが，導関数 $\dfrac{dy}{dx}$ は入っていな

いので，（＊）の段階で微分方程式Ⓐは解けたのである．

▶注　$\dfrac{dy}{dx} = dy \div dx$ と考えて，微分方程式Ⓐを形式的に，

$$\dfrac{1}{Q(y)} dy = P(x) dx$$

と変形し，この両辺に積分記号 $\displaystyle\int$ をかぶせればよいことが分かる．

［例］　次の微分方程式を解け：

$$(1+x^2) y^3 \dfrac{dy}{dx} = x$$

解　$\displaystyle\int y^3 dy = \int \dfrac{x}{1+x^2} dx$　◀ x を右辺へ，y を左辺へ．

ゆえに，

$$\dfrac{1}{4} y^4 = \dfrac{1}{2} \log(1+x^2) + C$$

$$\therefore \quad y^4 = 2\log(1+x^2) + 4C$$

$$\boxed{\int \dfrac{f'(x)}{f(x)} dx = \log f(x)}$$

$4C$ をあらためて C とおいて，求める一般解は，

$$y^4 = 2\log(1+x^2) + C \qquad\square$$

▶注　積分記号 $\displaystyle\int$ が，すべて消えたとき，任意定数を付ければよい．

解は，必ずしも，y について解いた形 $y = \bigcirc\bigcirc\bigcirc$ にする必要はないし，この形で表わせないことも多い．

［例］　次の微分方程式を解け：

$$\dfrac{dy}{dx} = y \qquad \cdots\cdots\cdots\cdots\cdots\cdots\cdots\ \text{Ⓐ}$$

解　与えられた微分方程式Ⓐより，

$$\dfrac{1}{y} \dfrac{dy}{dx} = 1 \qquad \cdots\cdots\cdots\cdots\cdots\cdots\cdots\ \text{Ⓐ}'$$

$$\int \dfrac{1}{y} dy = \int dx$$

$$\therefore \quad \log|y| = x + C$$

$$y = \pm e^{x+C} = \pm e^C e^x \qquad \cdots\cdots\cdots\cdots\cdots\ ①$$

ここで，$\pm e^C$ をあらためて C とおいて，求めるⒶの一般解は，

$$y = C e^x \qquad \cdots\cdots\cdots\cdots\cdots\cdots\ ①'$$

▶**注** 微分方程式Ⓐ, Ⓐ′ は同値ではなく，①はⒶ′ の一般解である．

$$Ⓐ \rightleftarrows 「y=0」 または 「y \neq 0 でⒶ′」$$

だから，Ⓐの一般解は，

$$y = 0 \text{ および } y = \pm e^c e^x$$

であるが，できれば**簡潔な表現**が望まれる．実際，

$$\lim_{C \to -\infty}(\pm e^c e^x) = 0$$

だから，$y=0$ と $y=\pm e^c e^x$ とは異質な解ではなく，①′のようにまとめることができる．

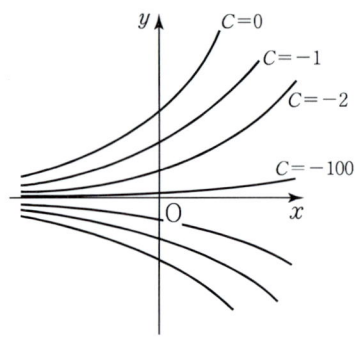

▶**予告** この本では，一般解を求める計算を**形式的**に行う．
分母 $\neq 0$, log の真数 > 0, $\sqrt{}$ の中味 ≥ 0 などいちいち**断わらない立場**をとる．

同次形

$$\frac{dy}{dx} = 2\left(\frac{y}{x}\right)^3 + \frac{y}{x}, \quad \frac{dy}{dx} = \cos\left(1 + \frac{y}{x}\right)$$

のように，$\frac{dy}{dx}$ が $\frac{y}{x}$ だけの関数になっている微分方程式，一般に，

$$\frac{dy}{dx} = f\left(\frac{y}{x}\right) \quad \cdots\cdots\cdots\cdots\cdots\cdots\cdots\cdots \quad Ⓐ$$

の形の微分方程式を，**同次形**という．

これは，一般には，変数分離形ではないが，いま，

$$u = \frac{y}{x} \text{ すなわち } y = xu$$

とおけば，変数分離形に帰着されるのである．

実際，$y = xu$ より，

$$\frac{dy}{dx} = u + x\frac{du}{dx}$$

これを微分方程式Ⓐへ代入すると，

$$u + x\frac{du}{dx} = f(u)$$

$$\therefore \quad \frac{du}{dx} = \frac{f(u) - u}{x} \qquad \cdots\cdots\cdots\cdots \text{Ⓐ}'$$

のように，未知関数 u の変数分離形の微分方程式が得られる．

［例］ 次の微分方程式を解け：

$$\frac{dy}{dx} = \frac{x+y}{x-y}$$

解 この微分方程式は，次のようにかけるから，同次形である：

$$\frac{dy}{dx} = \frac{1 + \frac{y}{x}}{1 - \frac{y}{x}} \qquad \cdots\cdots\cdots\cdots\cdots\cdots \text{Ⓐ}$$

そこで，$u = \frac{y}{x}$ すなわち $y = xu$ とおけば，

$$\frac{dy}{dx} = u + x\frac{du}{dx}$$

これらを，Ⓐへ代入すると，

$$u + x\frac{du}{dx} = \frac{1+u}{1-u}$$

$$\therefore \quad \frac{du}{dx} = \frac{1}{x} \cdot \frac{1+u^2}{1-u}$$

これは，変数分離形である．

$$\int \frac{1-u}{1+u^2} du = \int \frac{1}{x} dx$$

$$\therefore \quad \int \left(\frac{1}{1+u^2} - \frac{1}{2} \cdot \frac{2u}{1+u^2} \right) du = \int \frac{1}{x} dx$$

$$\therefore \quad \tan^{-1} u - \frac{1}{2} \log(1+u^2) = \log x + C$$

ここで，$u = \frac{y}{x}$ を代入して， ◀ x, y の式にもどす．

$$\tan^{-1} \frac{y}{x} - \frac{1}{2} \log\left(1 + \frac{y^2}{x^2}\right) = \log x + C$$

ゆえに，

$$\tan^{-1} \frac{y}{x} - \frac{1}{2} \log(x^2 + y^2) = C$$

が求める一般解である． □

例題 3.1 ── 同次形

次の微分方程式を解け：

$$x\frac{dy}{dx} = y + \sqrt{x^2 + y^2}$$

【解】 与えられた微分方程式より，

$$\frac{dy}{dx} = \frac{y}{x} + \sqrt{1 + \left(\frac{y}{x}\right)^2}$$

これは，同次形である．そこで，$y = xu$ とおき，

$$\frac{y}{x} = u, \qquad \frac{dy}{dx} = u + x\frac{du}{dx}$$

を，上の微分方程式へ代入すると，

$$u + x\frac{du}{dx} = u + \sqrt{1 + u^2}$$

$$\therefore \quad x\frac{du}{dx} = \sqrt{1 + u^2}$$

これは，変数分離形である．
したがって，

$$\int \frac{1}{\sqrt{1 + u^2}} du = \int \frac{1}{x} dx$$

$$\therefore \quad \log(u + \sqrt{1 + u^2}) = \log x + C$$

したがって，

$$u + \sqrt{1 + u^2} = e^{\log x} e^C = Cx$$

$u = \frac{y}{x}$ とおき，x, y の関係にもどすと，

$$\frac{y}{x} + \sqrt{1 + \left(\frac{y}{x}\right)^2} = Cx$$

ゆえに，求める一般解は，

$$y + \sqrt{x^2 + y^2} = Cx^2 \qquad \square$$

▶注 $\sqrt{x^2 + y^2} = Cx^2 - y$ の両辺を2乗した式から得られる

$$y = \frac{1}{2}\left(Cx^2 - \frac{1}{C}\right)$$

を一般解とすることもできる．

同次形
⬇
$y = xu$ とおく．

$$\int \frac{1}{\sqrt{x^2 + A}} dx = \log|x + \sqrt{x^2 + A}|$$

◀ e^C をあらためて C とおいた．

変数分離形への変換

同次形のように,簡単な置き換えによって変数分離形へ帰着されるものをいくつか述べることにする.

Ⅰ. $\dfrac{dy}{dx} = f(ax+by+c)$ 〔y' が $ax+by+c$ だけの関数〕:

このタイプは,
$$u = ax+by+c$$
とおいて,未知関数を y から u へ変換する. $u = ax+by+c$ より,
$$\frac{du}{dx} = a + b\frac{dy}{dx}$$
$$\therefore \quad \frac{du}{dx} = a + bf(u) \quad \blacktriangleleft これは変数分離形$$

Ⅱ. $\dfrac{dy}{dx} = \dfrac{y}{x}f(xy)$ 〔y' が $\dfrac{y}{x} \times (xy$ だけの関数$)$〕:
$$u = xy$$
とおけば,
$$\frac{du}{dx} = y + x\frac{dy}{dx} = y + x\frac{y}{x}f(xy) = y(1+f(u))$$
$$\therefore \quad \frac{du}{dx} = \frac{u}{x}(1+f(u)) \quad \blacktriangleleft これは変数分離形$$

例 $\dfrac{dy}{dx} = (x+y)^2$

$u = x+y$ とおけば, $y = u-x$, $\dfrac{dy}{dx} = \dfrac{du}{dx} - 1$

これらを,問題の微分方程式へ代入すると,
$$\frac{du}{dx} = u^2 + 1$$
$$\therefore \quad \int \frac{1}{u^2+1}du = \int dx$$
$$\therefore \quad \tan^{-1}u = x+C \quad \therefore \quad u = \tan(x+C)$$
$u = x+y$ だから,求める一般解は,
$$y = -x + \tan(x+C) \qquad \square$$

―― 例題 3.2 ――――――――――――――― 変数分離形への変換 ――

次の微分方程式を解け：

$$y(1+xy) + x(1-xy)\frac{dy}{dx} = 0$$

【解】 与えられた微分方程式は，次のようにかける：

$$\frac{dy}{dx} = \frac{y}{x}\frac{xy+1}{xy-1}$$

◀ $y' = \frac{y}{x} f(xy)$ の形

いま，$u = xy$ とおけば，

$$\frac{du}{dx} = y + x\frac{dy}{dx}$$

$$\therefore \quad y = \frac{u}{x}, \quad \frac{dy}{dx} = \frac{1}{x}\left(\frac{du}{dx} - \frac{u}{x}\right)$$

これらを，与えられた微分方程式へ代入すると，

$$\frac{u}{x}(1+u) + x(1-u)\frac{1}{x}\left(\frac{du}{dx} - \frac{u}{x}\right) = 0$$

したがって，

$$\frac{du}{dx} = \frac{2}{x}\frac{u^2}{u-1}$$

◀ 変数分離形

ゆえに，

$$\int \frac{u-1}{u^2} du = \int \frac{2}{x} dx$$

$$\log u + \frac{1}{u} = 2\log x + C$$

◀ $\frac{u-1}{u^2} = \frac{1}{u} - \frac{1}{u^2}$

ここで，$u = xy$ とおけば，

$$\log xy + \frac{1}{xy} = 2\log x + C$$

$$\therefore \quad \log\frac{x}{y} = \frac{1}{xy} - C$$

$$\therefore \quad \frac{x}{y} = e^{-C} e^{\frac{1}{xy}}$$

◀ e^{-C} を C とおく

ゆえに，求める一般解は，

$$x = Cy e^{\frac{1}{xy}}$$

□

§3 変数分離形

============ 演習問題 ============

3.1 次の微分方程式を解け．

(1) $y' = 2(x-1)(y+2)$

(2) $y' = y(y-1)$

(3) $(y-2)^2 y' = (x+2)^3$

(4) $x(x-1)y' = y$

(5) $x\sqrt{1+y^2} + y\sqrt{1+x^2}\, y' = 0$

(6) $x e^{x-y^2} - 2y y' = 0$

(7) $(1+x^2)y' = \cos^2 y$

(8) $x \tan y + (1+x^2) y' = 0$

3.2 次の微分方程式を解け．

(1) $y' = \dfrac{2xy}{x^2 - y^2}$

(2) $y' = \dfrac{y}{x} - \tan \dfrac{y}{x}$

(3) $y' = \dfrac{x-y}{x+y}$

(4) $y' = \dfrac{x - 2y + 4}{2x + y - 7}$　　$[X = x-2,\ Y = y-3\ とおく]$

(5) $y' = \dfrac{6x - 3y + 2}{2x - y + 1}$　　$[u = 2x - y + 1\ とおく]$

▶注　(4) 同次形へ．
　　　(5) $y' = f(ax + by + c)$ のタイプ．

3.3 次の微分方程式を解け．

(1) $(x+y)^2 y' = 1$　　$[u = x+y\ とおく]$

(2) $y' = \sqrt{x+y+1}$　　$[u = x+y+1\ とおく]$

(3) $2x^2 y' = x^2 y^2 - 2xy - 1$　　$[u = xy\ とおく]$

(4) $y' + \dfrac{y}{x} = xy \cos x$　　$[u = xy\ とおく]$

(5) $y' = -\dfrac{x(x^2 + y^2 + 1)}{y(x^2 + y^2 - 1)}$　　$[u = x^2 + y^2\ とおく]$

§4　1 階 線 形

―― 定数変化法とは？ ――

定数変化法

1階線形微分方程式
$$y' + P(x)y = Q(x) \quad \cdots\cdots\cdots\cdots\text{Ⓐ}$$
を解こう．

まず，$Q(x)=0$（同次）の場合，すなわち，
$$y' + P(x)y = 0$$
を考える．これは，変数分離形だから，簡単で，一般解は，
$$y = Ae^{-\int P(x)dx} \quad (A：任意定数) \quad \cdots\cdots\text{①}$$
次に，$Q(x) \neq 0$（非同次）の場合を考える．

この場合 $Q(x) \neq 0$ だから，解は，①のままではダメで，①に何らかの補正が必要であろう．

$Q(x)=0$ のときは，A は定数でよかったが，一般の $Q(x)$ は x の値によっていろいろ変わるであろうから，A を x の関数と考えて，Ⓐの解を，
$$y = A(x)e^{-\int P(x)dx} \quad \cdots\cdots\cdots\cdots\text{①}'$$
とおいてみよう．このとき，
$$\begin{aligned}
y' &= A'(x)e^{-\int P(x)dx} + A(x)\frac{d}{dx}e^{-\int P(x)dx} \\
&= A'(x)e^{-\int P(x)dx} + A(x)e^{-\int P(x)dx} \cdot (-P(x)) \\
&= A'(x)e^{-\int P(x)dx} - A(x)P(x)e^{-\int P(x)dx}
\end{aligned}$$
これらの y，y' を，与えられた微分方程式Ⓐへ代入すると，
$$A'(x)e^{-\int P(x)dx} - A(x)P(x)e^{-\int P(x)dx} + P(x)A(x)e^{-\int P(x)dx} = Q(x)$$
ゆえに，
$$A'(x)e^{-\int P(x)dx} = Q(x) \qquad \therefore\ A'(x) = Q(x)e^{\int P(x)dx}$$
したがって，
$$A(x) = \int Q(x)e^{\int P(x)dx}dx + C \quad (C：任意定数)$$

これを，①′ へ代入して，求める微分方程式の一般解は，
$$y = e^{-\int P(x)dx}\left(\int Q(x)\, e^{\int P(x)dx} dx + C\right)$$

▶注　$Q(x)-0$，$Q(x) \neq 0$ の 0 は，"つねに 0 という値をとる定数関数" を表わす．

このように，同次（$Q(x)=0$）の場合の一般解の任意定数を，x の関数に置き換えた形から非同次の場合の解を求める方法を，ラグランジュの**定数変化法**という．この定数変化法は，2 階線形微分方程式・連立微分方程式など適用範囲は広い．

●ポイント ─────────────────────── 1 階線形 ─

$y' + P(x)y = Q(x)$ の一般解
$$y = e^{-\int P(x)dx}\left(\int Q(x)\, e^{\int P(x)dx} dx + C\right)$$

▶注　公式の中の二つの $\int P(x)dx$ は，$P(x)$ の同一の原始関数．

[例]　$y' + 3x^2 y = 5x^2$ を解け．

解　$P(x) = 3x^2$，$Q(x) = 5x^2$ に，上の公式を適用する．
$$y = e^{-\int 3x^2 dx}\left(\int 5x^2 e^{\int 3x^2 dx} dx + C\right)$$
$$= e^{-x^3}\left(\int 5x^2 e^{x^3} dx + C\right)$$
$$= e^{-x^3}\left(\frac{5}{3}e^{x^3} + C\right)$$
$$= Ce^{-x^3} + \frac{5}{3} \qquad \square$$

[例]　$y' - \dfrac{y}{x} = 2\log x$ を解け．

解　$y = e^{-\int \left(-\frac{1}{x}\right)dx}\left(\int 2\log x \cdot e^{\int \left(-\frac{1}{x}\right)dx} dx + C\right)$
$= e^{\log x}\left(\int 2\log x \cdot \dfrac{1}{x} dx + C\right)$
$= x((\log x)^2 + C) \qquad \square$

$e^{\log A} = A$

━━━ 例題 4.1 ━━━━━━━━━━━━━━━━━━━━━━━━━━━ 1階線形 ━━━

次の微分方程式を解け．
(1) $y'\cos x - y\sin x = 2\cos x \sin x$
(2) $xy' + 2y = e^x$

【解】 (1) $y' - \dfrac{\sin x}{\cos x} y = 2\sin x$

$$y = e^{\int \frac{\sin x}{\cos x} dx} \left(\int 2\sin x \, e^{\int \left(-\frac{\sin x}{\cos x}\right) dx} dx + C \right)$$

$$= e^{-\log(\cos x)} \left(\int 2\sin x \, e^{\log(\cos x)} dx + C \right)$$

$$= \frac{1}{\cos x} \left(\int 2\sin x \cos x \, dx + C \right)$$

$$= \frac{1}{\cos x} (-\cos^2 x + C)$$

$$= \frac{C}{\cos x} - \cos x$$

(2) $$y = e^{-\int \frac{2}{x} dx} \left(\int \frac{e^x}{x} e^{\int \frac{2}{x} dx} dx + C \right)$$

$$= e^{-2\log x} \left(\int \frac{e^x}{x} e^{2\log x} dx + C \right) \quad \blacktriangleleft \; e^{2\log x} = x^2$$

$$= \frac{1}{x^2} \left(\int x e^x dx + C \right)$$

$$= \frac{1}{x^2} (xe^x - e^x + C) \qquad \square$$

▶注 部分積分法により，$\int x e^x dx = x e^x - \int 1 \cdot e^x dx = x e^x - e^x$

ベルヌーイの微分方程式

ある地域（人口 N 人）のファッションの伝播速度は，ファッションに参加している人数 y と，未参加者数 $N-y$ の両方に比例すると考えられる：

$$\frac{dy}{dx} = ky(N-y) \quad (\text{ロジスティック方程式})$$

$$\therefore \quad y' - kNy = -ky^2$$

これは，y^2 の項があるので，線形ではない．この形を一般化した
$$y' + P(x)y = Q(x)y^\alpha \qquad \cdots\cdots\cdots\cdots \text{Ⓐ}$$
の形の微分方程式を，**ベルヌーイの微分方程式**，この形を**ベルヌーイ形**という．$\alpha = 0$，$\alpha = 1$ の場合は，それぞれ，1階線形，変数分離形になるので，$\alpha \neq 0$，$\alpha \neq 1$ の場合を扱う．

まず，$y = 0$ は，明らかに，Ⓐの解である．

$y \neq 0$ のとき，右辺から y を消すために，両辺を y^α で割ると，
$$y^{-\alpha} y' + P(x) y^{1-\alpha} = Q(x) \qquad \cdots\cdots\cdots \text{Ⓐ}'$$
ここで，
$$(y^{1-\alpha})' = (1-\alpha) y^{-\alpha} y'$$
という事実に着目し，Ⓐ' の両辺に $1 - \alpha$ を掛けると，
$$(1-\alpha) y^{-\alpha} y' + (1-\alpha) P(x) y^{1-\alpha} = (1-\alpha) Q(x)$$
そこで，
$$u = y^{1-\alpha}, \qquad u' = (1-\alpha) y^{-\alpha} y'$$
とおき，未知関数を y から u へ変換する：
$$u' + (1-\alpha) P(x) u = (1-\alpha) Q(x) \qquad \cdots\cdots \text{Ⓑ}$$
これは，u の **1階線形微分方程式**である．

［例］ $y' + 2xy = 2xy^4$ を解け．

解 両辺を y^4 で割り，$1 - 4 = -3$ を掛けると， ◀ $\alpha = 4$ の場合
$$-3y^{-4} y' - 6x y^{-3} = -6x$$
ここで，$u = y^{-3}$ とおけば，$u' = -3y^{-4} y'$ だから，
$$u' - 6xu = -6x$$
$$\therefore \quad u = e^{\int 6x\,dx} \left(\int -6x\, e^{-\int 6x\,dx} dx + C \right)$$
$$= e^{3x^2} \left(\int -6x\, e^{-3x^2} dx + C \right)$$
$$= e^{3x^2} (e^{-3x^2} + C)$$
$$= 1 + C e^{3x^2}$$
ゆえに，
$$y^3 = \frac{1}{1 + C e^{3x^2}} \quad (y = 0 \text{ なる解は，} C = +\infty \text{ の場合}) \qquad \square$$

───── 例題 4.2 ──────────────────────────── ベルヌーイ形 ─────

次の微分方程式を解け．
(1) $y' + y\sin x = y^2 \sin x$
(2) $xy' + 2y = -4x^2 y^{\frac{4}{3}}$

【解】（1） 与えられた微分方程式の両辺に，$-y^{-2}$ を掛けると，
$$-y^{-2}y' - y^{-1}\sin x = -\sin x$$
いま，$u = y^{-1}$ とおけば，$u' = -y^{-2}y'$ だから，
$$u' - u\sin x = -\sin x$$
ゆえに，
$$u = e^{\int \sin x \, dx}\left(-\int \sin x \, e^{-\int \sin x \, dx} dx + C\right)$$
$$= e^{-\cos x}\left(-\int \sin x \, e^{\cos x} dx + C\right)$$
$$= e^{-\cos x}(e^{\cos x} + C)$$
$$= 1 + Ce^{-\cos x}$$
ゆえに，求める一般解は，
$$y = u^{-1} = \frac{1}{1 + Ce^{-\cos x}}$$

（2） 両辺に，$-\frac{1}{3}xy^{-\frac{4}{3}}$ を掛けると，
$$-\frac{1}{3}y^{-\frac{4}{3}}y' - \frac{2}{3x}y^{-\frac{1}{3}} = \frac{4}{3}x$$
いま，$u = y^{-\frac{1}{3}}$ とおけば，
$$u' - \frac{2}{3x}u = \frac{4}{3}x$$
$$\therefore \quad u = e^{\int \frac{2}{3x} dx}\left(\int \frac{4}{3}x \, e^{-\int \frac{2}{3x} dx} dx + C\right)$$
$$= x^{\frac{2}{3}}(x^{\frac{4}{3}} + C)$$
$$= x^2 + Cx^{\frac{2}{3}}$$
ゆえに，求める一般解は，
$$y^{-\frac{1}{3}} = x^2 + Cx^{\frac{2}{3}} \qquad \square$$

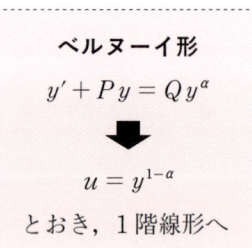

> **ベルヌーイ形**
> $y' + Py = Qy^a$
> ⬇
> $u = y^{1-a}$
> とおき，1 階線形へ

演習問題

4.1 次の微分方程式を解け．
(1) $y' - 2xy = 2x$
(2) $xy' + y = 4x^3$
(3) $y' + y\sin x = e^{\cos x}$
(4) $(1+x^2)y' + xy = 1$

4.2 次の微分方程式を解け．
(1) $y' + y = xy^3$
(2) $2xy' + y = 3x^2y^2$
(3) $xy' + y = y^2\log x$
(4) $xy' + y = x\sqrt{y}$

4.3 y' が x の関数を係数とする y の 2 次式になっている
$$y' + P(x)y^2 + Q(x)y + R(x) = 0$$
の形の微分方程式を，**リッカチの微分方程式**という．

この微分方程式は，一つの解 y_0 が既知のとき，変数変換 $y = y_0 + u$ によってベルヌーイ形になることを示し，これを用いて次の微分方程式を解け．ただし，[ ]の中は，一つの解である．
(1) $y' + y^2 - 3y - 4 = 0$ $[y_0 = -1]$
(2) $y' + xy^2 - (2x^2+1)y + x^3 + x - 1 = 0$ $[y_0 = x]$

4.4 $$f'(y)y' + P(x)f(y) = Q(x)$$
の形の微分方程式は，変数変換 $u = f(y)$ によって 1 階線形になることを示し，これを用いて次の微分方程式を解け．
(1) $y'\cos y + \cos x \sin y = \cos x$
(2) $(x^2+1)y' + 2e^y = 2x$ ◀ 両辺に $\dfrac{-e^{-y}}{x^2+1}$ を掛けてみよ．

4.5 (1) $$y = xy' + f(y')$$
の形の微分方程式を，**クレーローの微分方程式**という．

この微分方程式の両辺を x で微分することによって，次の等式を導け：
$$(x + f'(y'))y'' = 0$$
(2) $y = xy' - (y')^2$ を解け．

§5 完全微分形

━━━━━━━━━━━━━━━━━ 積分因数を探そう ━━━━━

完全微分形

いままで，変数分離形，1階線形などを見てきた：
$$\frac{dy}{dx} = P(x)Q(y), \qquad \frac{dy}{dx} + P(x)y = Q(x)$$
これらは，それぞれ，次のようにもかける：
$$P(x)Q(y)\,dx - dy = 0, \qquad (P(x)y - Q(y))\,dx + dy = 0$$
この§では，これらを一般化した次の形の微分方程式を扱う：
$$P(x,y)\,dx + Q(x,y)\,dy = 0 \qquad \cdots\cdots\cdots\cdots \text{Ⓐ}$$
いままでは，x は変数，y は未知関数であったが，この形では，x, y を同等の立場の変数と考えることもできる．

ところで，Ⓐの左辺が，何かある関数 $F(x,y)$ の微分
$$dF = \frac{\partial F}{\partial x}dx + \frac{\partial F}{\partial y}dy$$
になっているとき，Ⓐを**完全微分方程式**，この形を**完全微分形**という．

このとき，微分方程式Ⓐは，
$$dF = 0$$
とかけるから，Ⓐの一般解は，次のようになる：
$$F(x,y) = C \qquad (C：任意定数)$$

▶**注** 3次元空間で，曲面 $z = F(x,y)$ の点 (a,b) における接平面を，
$$z = \alpha(x-a) + \beta(y-b)$$
とすると，係数 α, β は，次のようである：
$$\alpha = F_x(a,b), \qquad \beta = F_y(a,b)$$
このとき，2変数 x, y の1次関数 $z = \alpha x + \beta y$ を，点 (a,b) における関数 $F(x,y)$ の**微分**(differential)とよび，
$$(dF)_{(a,b)}(x,y) = \alpha x + \beta y$$
などと記す．一般の点 (x,y) における関数 $F(x,y)$ の微分を，
$$dF = \frac{\partial F}{\partial x}dx + \frac{\partial F}{\partial y}dy$$

と記すことがある．どの点における接平面も xy 平面に平行な平面であるような曲面は，xy 平面に平行な平面 $z=C$ だけだから，
$$dF = 0 \implies F(x,y) = C$$

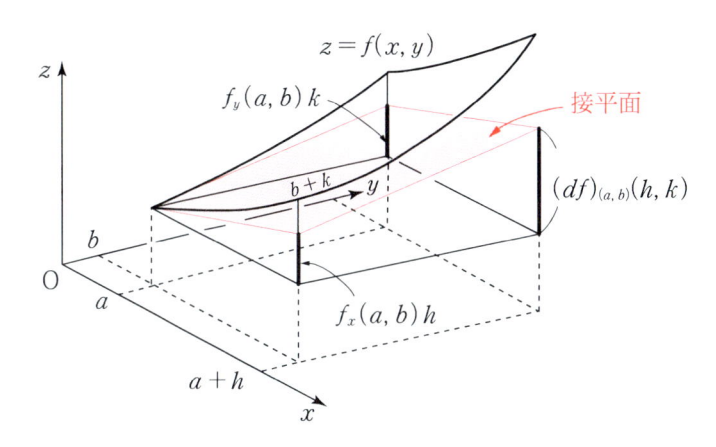

例 $F(x,y) = x^3 y^4$ のとき，$F_x(x,y) = 3x^2 y^4$，$F_y(x,y) = 4x^3 y^3$ だから，次は完全微分方程式である：
$$3x^2 y^4 \, dx + 4x^3 y^3 \, dy = 0 \qquad \cdots\cdots\cdots\cdots Ⓐ$$

例 ところが，完全微分方程式Ⓐの両辺を xy^2 で割って得られる
$$3xy^2 \, dx + 4x^2 y \, dy = 0 \qquad \cdots\cdots\cdots\cdots Ⓑ$$
は，もはや完全微分方程式ではない．えっ？ と思ったら確かめてみよう．

もし，完全微分方程式ならば，
$$\frac{\partial F}{\partial x} = 3xy^2, \qquad \frac{\partial F}{\partial y} = 4x^2 y$$
を満たす関数 $F(x,y)$ が存在するはずである．このとき，
$$\frac{\partial^2 F}{\partial y \, \partial x} = \frac{\partial}{\partial y}\left(\frac{\partial F}{\partial x}\right) = \frac{\partial}{\partial y}(3xy^2) = 6xy$$
$$\frac{\partial^2 F}{\partial x \, \partial y} = \frac{\partial}{\partial x}\left(\frac{\partial F}{\partial y}\right) = \frac{\partial}{\partial x}(4x^2 y) = 8xy$$

両者は等しくなるはずであるが，そうなっていない．

▶ **注** $\dfrac{\partial^2 F}{\partial x \, \partial y}$，$\dfrac{\partial^2 F}{\partial y \, \partial x}$ が，ともに連続ならば，$\dfrac{\partial^2 F}{\partial x \, \partial y} = \dfrac{\partial^2 F}{\partial y \, \partial x}$ であることが知られている（微分順序の変更）．

次に，完全微分形か否かの具体的判定法を述べる．

●ポイント ────────────── **完全微分形・判定定理** ─

$$P(x,y)\,dx + Q(x,y)\,dy = 0 \text{ は完全微分形} \iff \frac{\partial P}{\partial y} = \frac{\partial Q}{\partial x}$$

▶注　明記しなかったが，$P(x,y)$，$Q(x,y)$ は，ともに連続微分可能である
と仮定する．

$\Longrightarrow$ の証明：　これは，やさしい．完全微分形という仮定から，

$$\frac{\partial F}{\partial x} = P(x,y), \qquad \frac{\partial F}{\partial y} = Q(x,y)$$

となる関数 $F(x,y)$ が存在する．このとき，次の二つは等しい：

$$\frac{\partial P}{\partial y} = \frac{\partial}{\partial y}\frac{\partial F}{\partial x} = \frac{\partial^2 F}{\partial y\,\partial x}, \qquad \frac{\partial Q}{\partial x} = \frac{\partial}{\partial x}\frac{\partial F}{\partial y} = \frac{\partial^2 F}{\partial x\,\partial y}$$

$\Longleftarrow$ の証明：　$P_y = Q_x$ を満たす $P(x,y)$，$Q(x,y)$ が与えられたとき，
関数 $F(x,y)$ を**具体的に作る方法**を以下で示す．

まず，$\dfrac{\partial F}{\partial x} = P(x,y)$ より，$F(x,y)$ は次の形になる：

$$F(x,y) = \int P(x,y)\,dx + C(y), \qquad C(y)：y \text{ だけの関数}$$

このとき，

$$Q(x,y) = \frac{\partial F}{\partial y} = \frac{\partial}{\partial y}\int P(x,y)\,dx + C'(y)$$

$$\therefore \quad C'(y) = Q(x,y) - \frac{\partial}{\partial y}\int P(x,y)\,dx$$

そこで，

$$F(x,y) = \int P(x,y)\,dx + \int \Big(Q(x,y) - \frac{\partial}{\partial y}\int P(x,y)\,dx\Big)dy$$

とおき，この $F(x,y)$ が求めるものであることを示す．

ところで，

$$\frac{\partial Q}{\partial x} = \frac{\partial P}{\partial y} = \frac{\partial}{\partial y}\frac{\partial}{\partial x}\int P(x,y)\,dx = \frac{\partial}{\partial x}\frac{\partial}{\partial y}\int P(x,y)\,dx$$

この一番左と一番右の辺に注目すると，

$$\frac{\partial}{\partial x}\Big(Q(x,y) - \frac{\partial}{\partial y}\int P(x,y)\,dx\Big) = 0$$

したがって，
$$Q(x,y) - \frac{\partial}{\partial y}\int P(x,y)\,dx \text{ は，} y \text{ だけの関数}$$
したがって，
$$\frac{\partial F}{\partial x} = P(x,y)$$
また，$F(x,y)$ の右辺の第 2 項は y だけの関数だから，
$$\frac{\partial F}{\partial y} = \frac{\partial}{\partial y}\int P(x,y)\,dx + \left(Q(x,y) - \frac{\partial}{\partial y}\int P(x,y)\,dx\right)$$
$$= Q(x,y)$$
となり，この $F(x,y)$ は確かに求めるものである．

●ポイント ──────────── **完全微分方程式・解の公式**

完全微分方程式 $P(x,y)\,dx + Q(x,y)\,dy = 0$ の一般解
$$\int P(x,y)\,dx + \int\left(Q(x,y) - \frac{\partial}{\partial y}\int P(x,y)\,dx\right)dy = C$$

[例] 完全微分形であることを確かめ，次の微分方程式を解け：
$$(2x + y^2)\,dx + (2xy + 3y^2)\,dy = 0$$
解 $\qquad P(x,y) = 2x + y^2, \qquad Q(x,y) = 2xy + 3y^2$

とおく．
$$\frac{\partial P}{\partial y} = 2y, \qquad \frac{\partial Q}{\partial x} = 2y \qquad \therefore \quad \frac{\partial P}{\partial y} = \frac{\partial Q}{\partial x}$$

だから，確かに完全微分形である．そこで，
$$\int(2x + y^2)\,dx + \int\left(2xy + 3y^2 - \frac{\partial}{\partial y}\int(2x + y^2)\,dx\right)dy$$
$$= x^2 + xy^2 + \int\left(2xy + 3y^2 - \frac{\partial}{\partial y}(x^2 + xy^2)\right)dy$$
$$= x^2 + xy^2 + \int 3y^2\,dy$$
$$= x^2 + xy^2 + y^3$$

ゆえに，求める一般解は，
$$x^2 + xy^2 + y^3 = C \qquad\qquad \square$$

例題 5.1 ━━━━━━━━━━━━━━ 完全微分形

（1） 次を一般解にもつ完全微分方程式を作れ：
$$\sin x - x\cos y - e^x = C$$
（2） 完全微分形であることを確かめ，次の微分方程式を解け：
$$(2x + e^y)\,dx + (1 + x\,e^y)\,dy = 0$$

【解】 （1） 求める微分方程式は，
$$\frac{\partial}{\partial x}(\sin x - x\cos y - e^x)\,dx + \frac{\partial}{\partial y}(\sin x - x\cos y - e^x)\,dy = 0$$
$$\therefore \quad (\cos x - \cos y - e^x)\,dx + x\sin y\,dy = 0$$

（2） $\quad \dfrac{\partial}{\partial y}(2x + e^y) = e^y, \quad \dfrac{\partial}{\partial x}(1 + x\,e^y) = e^y$

よって，与えられた微分方程式は，確かに完全微分形である．そこで，
$$\int (2x + e^y)\,dx + \int \left(1 + x\,e^y - \frac{\partial}{\partial y}\int (2x + e^y)\,dx\right)dy$$
$$= x^2 + x\,e^y + \int (1 + x\,e^y - x\,e^y)\,dy = x^2 + x\,e^y + y$$

ゆえに，求める一般解は，
$$x^2 + x\,e^y + y = C \qquad \square$$

積分因数

先ほど見た例であるが，微分方程式
$$3x\,y^2\,dx + 4x^2\,y\,dy = 0 \qquad \cdots\cdots\cdots\cdots (*)$$
は，完全微分形ではない．ところが，この両辺に $x\,y^2$ を掛けた
$$3x^2\,y^4\,dx + 4x^3\,y^3\,dy = 0$$
は，完全微分形なのである．

このように，必ずしも完全微分形とはかぎらない微分方程式
$$P(x,y)\,dx + Q(x,y)\,dy = 0 \qquad \cdots\cdots\cdots Ⓐ$$
の両辺に，何か適当な関数 $M(x,y)(\neq 0)$ を掛けた
$$M(x,y)P(x,y)\,dx + M(x,y)Q(x,y)\,dy = 0 \qquad \cdots\cdots Ⓐ'$$
が完全微分形になるとき，この関数 $M(x,y)$ を微分方程式Ⓐの**積分因数**と

いう．積分因数を見出すことは，一般には難しいが，簡単に求められる特殊な場合を具体例によって示すことにする．

▶注　積分因数をもつとき，それは，**ただ一つとはかぎらない**．たとえば，$x^4 y^6$, $1/x^2 y^2$ なども，上の微分方程式(*)の積分因数になっている．

［例］　$x^\alpha y^\beta$ の形の積分因数を見出して，次の微分方程式を解け：
$$(x^2 y^2 + y)\,dx + (3x^3 y - 2x)\,dy = 0$$

解　両辺に，$x^\alpha y^\beta$ を掛けると，
$$(x^{\alpha+2} y^{\beta+2} + x^\alpha y^{\beta+1})\,dx + (3x^{\alpha+3} y^{\beta+1} - 2x^{\alpha+1} y^\beta)\,dy = 0$$
この微分方程式が完全微分形である条件は，
$$P(x, y) = x^{\alpha+2} y^{\beta+2} + x^\alpha y^{\beta+1}, \qquad Q(x, y) = 3x^{\alpha+3} y^{\beta+1} - 2x^{\alpha+1} y^\beta$$
とおくとき，
$$P_y = (\beta+2) x^{\alpha+2} y^{\beta+1} + (\beta+1) x^\alpha y^\beta$$
$$Q_x = 3(\alpha+3) x^{\alpha+2} y^{\beta+1} - 2(\alpha+1) x^\alpha y^\beta$$
が一致することである．同類項の係数を比較して，
$$\begin{cases} \beta+2 = 3(\alpha+3) \\ \beta+1 = -2(\alpha+1) \end{cases} \quad \therefore \quad \begin{cases} \alpha = -2 \\ \beta = 1 \end{cases}$$
よって，y/x^2 は積分因数．

これを問題の微分方程式の両辺に掛けて，
$$\frac{y}{x^2}(x^2 y^2 + y)\,dx + \frac{y}{x^2}(3x^3 y - 2x)\,dy = 0$$
$$\therefore \quad \left(y^3 + \frac{y^2}{x^2}\right) dx + \left(3xy^2 - \frac{2y}{x}\right) dy = 0$$
これは，完全微分形だから，
$$\int \left(y^3 + \frac{y^2}{x^2}\right) dx + \int \left(3xy^2 - \frac{2y}{x} - \frac{\partial}{\partial y}\int \left(y^3 + \frac{y^2}{x^2}\right) dx\right) dy$$
$$= xy^3 - \frac{y^2}{x} + \int \left(3xy^2 - \frac{2y}{x} - \frac{\partial}{\partial y}\left(xy^3 - \frac{y^2}{x}\right)\right) dy$$
$$= xy^3 - \frac{y^2}{x}$$
ゆえに，求める一般解は，
$$xy^3 - \frac{y^2}{x} = C \qquad \square$$

例題 5.2 ───────────────── 積分因数

(1) $$P(x,y)\,dx + Q(x,y)\,dy = 0$$
についての次の条件（ⅰ），（ⅱ）は同値であることを示せ：

(ⅰ) x だけの関数を積分因数にもつ．

(ⅱ) $\dfrac{1}{Q(x,y)}\left(\dfrac{\partial P}{\partial y} - \dfrac{\partial Q}{\partial x}\right)$ は，x だけの関数．

(2) $(x^2 - y^2)\,dx + (x^2 + 2xy)\,dy = 0$ を解け．

【解】 (1) （ⅰ）$\Longrightarrow$（ⅱ）：

x だけの関数 $M(x)$ を積分因数とする．
$$M(x)P(x,y)\,dx + M(x)Q(x,y)\,dy = 0$$
が，完全微分形である条件は，
$$\frac{\partial}{\partial y}MP = \frac{\partial}{\partial x}MQ$$
$$\therefore\quad M\frac{\partial P}{\partial y} = \frac{dM}{dx}Q + M\frac{\partial Q}{\partial x} \qquad \blacktriangleleft 積の微分法$$
$$\therefore\quad \frac{1}{M}\frac{dM}{dx} = \frac{1}{Q}\left(\frac{\partial P}{\partial y} - \frac{\partial Q}{\partial x}\right) \quad \cdots\cdots\cdots\cdots\cdots \quad (*)$$

この左辺は x だけの関数だから，右辺も x だけの関数である．

（ⅱ）$\Longrightarrow$（ⅰ）：

$(*)$ の右辺が x だけの関数ならば，$(*)$ は M を未知関数とする変数分離形の微分方程式．これを解いて，x だけの関数の積分因数 $M(x)$ を得る：
$$M(x) = e^{\int \frac{1}{Q}\left(\frac{\partial P}{\partial y} - \frac{\partial Q}{\partial x}\right)dx}$$

(2) $P(x,y) = x^2 - y^2,\ Q(x,y) = x^2 + 2xy$ において，
$$\frac{1}{Q}\left(\frac{\partial P}{\partial y} - \frac{\partial Q}{\partial x}\right) = \frac{-2y - (2x + 2y)}{x^2 + 2xy} = -\frac{2}{x}$$

は，x だけの関数だから，次は積分因数：
$$M(x) = e^{\int \left(-\frac{2}{x}\right)dx} = e^{-2\log x} = \frac{1}{x^2}$$

これを問題の微分方程式の両辺に掛けて，次の完全微分方程式を得る：
$$\left(1 - \frac{y^2}{x^2}\right)dx + \left(1 + \frac{2y}{x}\right)dy = 0$$

そこで，
$$\int\left(1-\frac{y^2}{x^2}\right)dx+\int\left(1+\frac{2y}{x}-\frac{\partial}{\partial y}\int\left(1-\frac{y^2}{x^2}\right)dx\right)dy$$
$$=x+\frac{y^2}{x}+\int\left(1+\frac{2y}{x}-\frac{\partial}{\partial y}\left(x+\frac{y^2}{x}\right)\right)dy$$
$$=x+\frac{y^2}{x}+y$$

ゆえに，求める一般解は，
$$x+\frac{y^2}{x}+y=C \qquad \square$$

演習問題

5.1 次を一般解にもつ完全微分方程式を作れ．
(1) $x^3-3xy+y^3=C$
(2) $e^x \sin y = C$

5.2 完全微分形であることを確かめ，次の微分方程式を解け．
(1) $(2x^3+2xy)dx+(x^2+2y^3)dy=0$
(2) $(2x+\sin y)dx+x\cos y\,dy=0$
(3) $\dfrac{2x-y}{x^2+y^2}dx+\dfrac{x+2y}{x^2+y^2}dy=0$

5.3 積分因数を求めて，次の微分方程式を解け．
(1) $(x^2y+2y^2)dx-x^3dy=0$
(2) $2y(3x+2y)dx+x(x+3y)dy=0$
(3) $(y-\log x)dx+(x\log x)dy=0$
(4) $y'+P(x)y=Q(x)$ すなわち $(P(x)y-Q(x))dx+dy=0$

5.4 (1) $\qquad P(x,y)dx+Q(x,y)dy=0$
について，次の条件(i), (ii)は同値であることを示せ：
(i) y だけの関数を積分因数にもつ．
(ii) $\dfrac{1}{P(x,y)}\left(\dfrac{\partial Q}{\partial x}-\dfrac{\partial P}{\partial y}\right)$ は，y だけの関数．

(2) $(2xy^2+y)dx+(y-x)dy=0$ を解け．

Chapter 2 線形微分方程式

　線形微分方程式は，**理論・応用いずれにも重要な意味をもつ**．

　電気回路・機械系の振動現象など，電磁気学・力学，さらに量子力学の基礎には，つねに，2階線形微分方程式が登場する．

　また，線形微分方程式は，**理論構造がきわめて明快**．連立1次方程式の解の構造といちじるしい類似性をもっている．

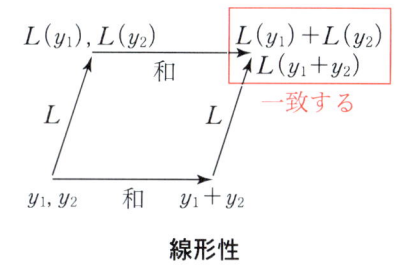

線形性

§6　同次線形微分方程式	…… 40
§7　非同次線形微分方程式	… 50
§8　連立線形微分方程式・1	60
§9　連立線形微分方程式・2	68
§10　演算子と逆演算子	……… 74
§11　演算子と線形微分方程式	82

§6 同次線形微分方程式

━━━━━━ 特性方程式の解が決め手

同次線形微分方程式

n 階線形微分方程式

$$y^{(n)} + P_1(x) y^{(n-1)} + \cdots + P_{n-1}(x) y' + P_n(x) y = Q(x)$$

について，解 $y(x)$ の定数倍 $ky(x)$ がつねに解になっているとき，**同次**，そうでないとき，**非同次**という．すなわち，

$$\text{同 次} \iff Q(x) = 0$$
$$\text{非同次} \iff Q(x) \neq 0$$

この $Q(x)$ を**非同次項**，また物理では**外力項**などという．

線形微分方程式の解の存在と一意性について，次の大切な定理がある：

●ポイント ━━━━━━━━━━━━━━━━━ **存在定理**

$P_1(x), P_2(x), \cdots, P_n(x), Q(x)$ が，ある区間 I で連続ならば，この区間 I 内の 1 点 a での初期条件

$$y(a) = b_0, \ y'(a) = b_1, \ \cdots, \ y^{(n-1)}(a) = b_{n-1} \quad (*)$$

を満たす線形微分方程式

$$y^{(n)} + P_1(x) y^{(n-1)} + \cdots + P_{n-1}(x) y' + P_n(x) y = Q(x) \quad Ⓐ$$

は，区間 I で，ただ一つの解をもつ．

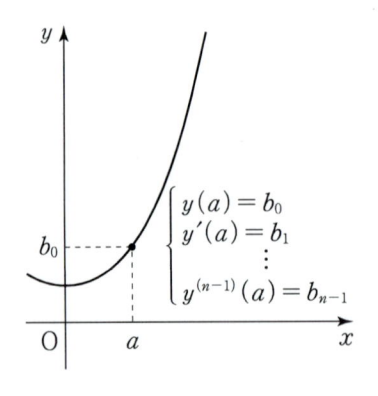

証明は省略するが，この定理によってⒶの解の**存在が保証され**，初期条件 $(*)$ を満たすものが，**ただ一つ**に決まる．

存在定理は理論的価値だけでなく，コンピュータの出現によって実用的な面からも重要なものになった．数値解のプログラムを作ればよいのだから．

以後，この存在定理を前提とするので，係数 $P_1(x), \cdots, P_n(x), Q(x)$ の**連続性を仮定**する．また，簡単のため，しばしば，2階または3階の場合を記すが，そのまま n 階の場合に一般化される．

次は，微分方程式が"線形"とよばれる**理由**である：

●ポイント

y_1, y_2 が**同次**線形微分方程式
$$y'' + P(x)y' + Q(x)y = 0 \quad \cdots\cdots\cdots\cdots \text{Ⓐ}$$
の解ならば，これらの一次結合 $C_1 y_1 + C_2 y_2$ もⒶの解である．

証明 y_1, y_2 が，Ⓐの解であることから，
$$y_1'' + P(x)y_1' + Q(x)y_1 = 0 \quad \cdots\cdots\cdots\cdots \text{①}$$
$$y_2'' + P(x)y_2' + Q(x)y_2 = 0 \quad \cdots\cdots\cdots\cdots \text{②}$$
このとき，①×C_1＋②×C_2 を作ると，
$$(C_1 y_1 + C_2 y_2)'' + P(x)(C_1 y_1 + C_2 y_2)' + Q(x)(C_1 y_1 + C_2 y_2) = 0$$
これは，$C_1 y_1 + C_2 y_2$ がⒶの解であることを示している．□

この性質によって，Ⓐの解全体
$$V = \{ y \mid y'' + P(x)y' + Q(x)y = 0 \}$$
は，ベクトル空間であることが分かった．

次に，このベクトル空間 V が "2次元" であることを示したい．それには，**関数の列の一次独立性**の概念が必要である．

◀関数について
$y_1 + y_2 = y_2 + y_1$
$y_1 + (y_2 + y_3)$
$= (y_1 + y_2) + y_3$
のような性質は自明．

関数列の一次独立性・ロンスキアン

■ポイント ─────────── 一次独立・一次従属 ──

関数の列 $y_1, y_2, \cdots, y_k$ について，
$$C_1 y_1(x) + C_2 y_2(x) + \cdots + C_k y_k(x) = 0$$
となるのが，

$C_1 = C_2 = \cdots = C_k = 0$ のときだけ　$\iff$　$y_1, y_2, \cdots, y_k$：**一次独立**

$C_1 = C_2 = \cdots = C_k = 0$ 以外にある　$\iff$　$y_1, y_2, \cdots, y_k$：**一次従属**

例　$5(x^2-2x+3)+(-3)(3x^2+1)+2(2x^2+5x-6)=0$　だから，
$$x^2-2x+3,\ 3x^2+1,\ 2x^2+5x-6\ \text{は，一次従属．} \qquad \square$$

例　$C_1(2x+3)+C_2(3x+4)=0$　より，
$$(2C_1+3C_2)x+(3C_1+4C_2)=0$$
$$\therefore \begin{cases} 2C_1+3C_2=0 \\ 3C_1+4C_2=0 \end{cases} \qquad \therefore\ C_1=C_2=0$$

> 任意の x に対して
> $Ax+B=0$
> $\Downarrow$
> $A=B=0$

ゆえに，$2x+3,\ 3x+4$ は，一次独立．　$\square$

関数の一次独立性の便利な判定法を述べよう．

たとえば，x の関数 y_1, y_2, y_3 の一次独立性を考えよう．等式
$$C_1y_1+C_2y_2+C_3y_3=0$$
が，$C_1=C_2=C_3=0$ 以外のときに成立する条件を考える．

この等式の両辺を x で次々に微分すると，
$$\begin{cases} C_1y_1+C_2y_2+C_3y_3=0 \\ C_1y_1'+C_2y_2'+C_3y_3'=0 \\ C_1y_1''+C_2y_2''+C_3y_3''=0 \end{cases}$$

これを，C_1, C_2, C_3 についての連立 1 次方程式と見ると，
$$\text{係数行列式}=\begin{vmatrix} y_1 & y_2 & y_3 \\ y_1' & y_2' & y_3' \\ y_1'' & y_3'' & y_3'' \end{vmatrix} \neq 0 \implies C_1=C_2=C_3=0$$

すなわち，
$$\text{係数行列式} \neq 0 \implies \text{一次独立} \qquad \cdots\cdots\ (*)$$

であるが，この係数行列式を，y_1, y_2, y_3 の**ロンスキアン**とよぶ．

一般に，$y_1(x), y_2(x), \cdots, y_n(x)$ に対して，x の関数
$$W(y_1, y_2, \cdots, y_n) = \begin{vmatrix} y_1 & y_2 & \cdots & y_n \\ y_1' & y_2' & \cdots & y_n' \\ \vdots & \vdots & & \vdots \\ y_1^{(n-1)} & y_2^{(n-1)} & \cdots & y_n^{(n-1)} \end{vmatrix}$$

を，$y_1, y_2, \cdots, y_n$ の**ロンスキアン**（**ロンスキー行列式**）とよぶ．

例　$W(\cos x, \sin x) = \begin{vmatrix} \cos x & \sin x \\ -\sin x & \cos x \end{vmatrix} = \cos^2 x + \sin^2 x = 1 \neq 0$

したがって，$\cos x, \sin x$ は，一次独立である． □

次に，同次線形微分方程式の解の一次独立性の判定定理を述べる．

●ポイント ―――――――――― 同次方程式の解の一次独立性

$y_1(x), y_2(x)$ が，同次線形微分方程式
$$y'' + P(x)y' + Q(x)y = 0 \quad \cdots\cdots\cdots \text{Ⓐ}$$
の解であるとき，
$$y_1, y_2 \text{ は一次独立} \iff W(y_1, y_2) \neq 0$$

証明 $\impliedby$ の証明：前ページ（∗）で証明ずみ．

$\implies$ の証明： $W(y_1, y_2) = 0 \implies y_1, y_2$ は一次従属
を示すことにする．いま，$W(y_1, y_2) = 0$ より，1点 a で，
$$W(y_1, y_2)(a) = \begin{vmatrix} y_1(a) & y_2(a) \\ y_1{}'(a) & y_2{}'(a) \end{vmatrix} = 0$$
よって，次の連立1次方程式は，$(C_1, C_2) \neq (0, 0)$ なる解をもつ：
$$\begin{cases} C_1 y_1(a) + C_2 y_2(a) = 0 \\ C_1 y_1{}'(a) + C_2 y_2{}'(a) = 0 \end{cases}$$
この C_1, C_2 を用いて，$y_1(x), y_2(x)$ の一次結合
$$z(x) = C_1 y_1(x) + C_2 y_2(x)$$
を作ると，この z はⒶの解であって，さらに，点 a において，
$$\begin{cases} z(a) = C_1 y_1(a) + C_2 y_2(a) = 0 \\ z'(a) = C_1 y_1{}'(a) + C_2 y_2{}'(a) = 0 \end{cases} \quad \therefore \ z(a) = 0, \ z'(a) = 0$$
一方，つねに値 0 をとる定数関数 $O(x)$ もⒶの解であって，$z(x)$ と同一の初期条件 $O(a) = 0, \ O'(a) = 0$ を満たすので，解の一意性によって，
$$z(x) = O(x)$$
$$\therefore \ C_1 y_1(x) + C_2 y_2(x) = 0$$
$(C_1, C_2) \neq (0, 0)$ だから，$y_1(x), y_2(x)$ は一次従属である． □

ここで，あらためて，一次独立な関数の典型例を列挙しておく：

● 次のいくつかの関数（の列）は，一次独立である：
 （1） $1, x, x^2, \cdots, x^{n-1}$
 （2） $e^{a_1 x}, e^{a_2 x}, \cdots, e^{a_n x}$ （$a_1, a_2, \cdots, a_n$ は相異なる）

（3） $e^{ax}, xe^{ax}, x^2 e^{ax}, \cdots, x^{n-1} e^{ax}$

（4） $e^{px} \cos qx, e^{px} \sin qx \quad (q \neq 0)$

基本解

それでは，いよいよ，次の定理を証明する：

●ポイント ──────────────────── **解空間の次元** ──

2階同次線形微分方程式
$$y'' + P(x) y' + Q(x) y = 0 \quad \cdots\cdots\cdots \text{Ⓐ}$$
の解全体の作るベクトル空間（解空間）は，2次元である．

証明 次の (1), (2) を満たすⒶの解 y_1, y_2 の存在を示す．この y_1, y_2 を微分方程式Ⓐの**基本解**という． ◀解空間の基底のこと

（1） y_1, y_2 は，一次独立．

（2） Ⓐのどんな解も，y_1, y_2 の一次結合として表わされる．

まず，ある点 a において，

初期条件 $y(a) = 1, \ y'(a) = 0$ を満たす解を $y_1(x)$

初期条件 $y(a) = 0, \ y'(a) = 1$ を満たす解を $y_2(x)$

とする．点 a におけるロンスキアンを計算すると，
$$W(y_1, y_2)(a) = \begin{vmatrix} y_1(a) & y_2(a) \\ y_1'(a) & y_2'(a) \end{vmatrix} = \begin{vmatrix} 1 & 0 \\ 0 & 1 \end{vmatrix} = 1 \neq 0$$
となるから，y_1, y_2 は一次独立．

次に，Ⓐの**任意の解**を y とする．この y の初期値を
$$y(a) = C_1, \ y'(a) = C_2$$
とおき，この C_1, C_2 を用いて，
$$z(x) = C_1 y_1(x) + C_2 y_2(x)$$
とおく．この $z(x)$ はⒶの解である上に，
$$z(a) = C_1 y_1(a) + C_2 y_2(a) = C_1$$
$$z'(a) = C_1 y_1'(a) + C_2 y_2'(a) = C_2$$
のように，初期値も $y(x)$ の初期値と一致する．解の一意性から，
$$z(x) = y(x)$$

したがって，Ⓐの任意の解 y は，y_1, y_2 の一次結合として表わされる：
$$y(x) = C_1 y_1(x) + C_2 y_2(x) \qquad \square$$

定係数 2 階同次線形微分方程式

応用範囲の広い実係数 2 階同次線形微分方程式
$$y'' + ay' + by = 0 \qquad \cdots\cdots\cdots\cdots \text{Ⓐ}$$
を考えよう．いままでの経験から，この微分方程式の解を，
$$y = e^{tx}$$
とおいてみる．$y = e^{tx}$, $y' = te^{tx}$, $y'' = t^2 e^{tx}$ を，Ⓐへ代入すると，
$$t^2 e^{tx} + a t e^{tx} + b e^{tx} = 0$$
$e^{tx} \neq 0$ だから，
$$t^2 + at + b = 0 \qquad \cdots\cdots\cdots\cdots (\ast)$$
を満たす t をとれば，$y = e^{tx}$ はⒶの解になる．

この t の 2 次方程式 $(\ast)$ を，微分方程式の**特性方程式**という．

特性方程式の解には，次の三つの場合がある：
$$\begin{cases} \text{異なる二実数解} & (a^2 - 4b > 0) \\ \text{異なる二虚数解} & (a^2 - 4b < 0) \\ \text{重\quad 解} & (a^2 - 4b = 0) \end{cases}$$

そこで，それぞれの場合について考える．

（ⅰ） $t^2 + at + b = 0$ の異なる実数解を，α, β とすると，
$$y_1 = e^{\alpha x}, \quad y_2 = e^{\beta x}$$
は，Ⓐの基本解．したがって，Ⓐの一般解は，
$$y = A e^{\alpha x} + B e^{\beta x}$$

（ⅱ） $t^2 + at + b = 0$ の解を，$p \pm qi$ (p, q は実数) とすると，
$$y_1 = e^{(p+qi)x}, \quad y_2 = e^{(p-qi)x}$$
は，Ⓐの基本解であるが，実数の関数の中に解を求めたければ，オイラーの公式により，
$$\begin{aligned} e^{(p \pm qi)x} &= e^{px} e^{\pm iqx} \\ &= e^{px}(\cos(\pm qx) + i \sin(\pm qx)) \\ &= e^{px}(\cos qx \pm i \sin qx) \end{aligned}$$

オイラーの公式
$$e^{i\theta} = \cos\theta + i\sin\theta$$

となる．これらは，互いに共役だから，和・差を作ると，

$$\frac{y_1+y_2}{2}=e^{px}\cos qx, \qquad \frac{y_1-y_2}{2i}=e^{px}\sin qx$$

は，基本解になる．したがって，Ⓐの一般解は，

$$y=Ae^{px}\cos qx+Be^{px}\sin qx$$

(iii) $t^2+at+b=0$ の重解を α とすると， ◀ $a=-2\alpha, b=\alpha^2$

$$y_1=e^{\alpha x}$$

は，Ⓐの解である．y_1 と一次独立な解を，

$$y_2=C(x)e^{\alpha x}$$

とおく． ◀定数変化法

$$y_2'=C'(x)e^{\alpha x}+\alpha C(x)e^{\alpha x}$$
$$y_2''=C''(x)e^{\alpha x}+2\alpha C'(x)e^{\alpha x}+\alpha^2 C(x)e^{\alpha x}$$

を，Ⓐすなわち，$y''-2\alpha y'+\alpha^2 y=0$ へ代入すると，

$$(C''(x)+2\alpha C'(x)+\alpha^2 C(x))e^{\alpha x}$$
$$-2\alpha(C'(x)+\alpha C(x))e^{\alpha x}+\alpha^2 C(x)e^{\alpha x}=0$$

$$\therefore \quad C''(x)=0 \quad \therefore \quad C(x)=Ax+B$$

したがって，Ⓐの一般解は，

$$y=(Ax+B)e^{\alpha x}$$

以上をまとめると，

●ポイント ────────────── **定係数 2 階同次線形** ──

$y''+ay'+by=0$ （a, b は実数）の一般解は，

○ $t^2+at+b=(t-\alpha)(t-\beta) \implies y=Ae^{\alpha x}+Be^{\beta x}$

○ $t^2+at+b=(t-p)^2+q^2 \implies y=e^{px}(A\cos qx+B\sin qx)$

○ $t^2+at+b=(t-\alpha)^2 \implies y=(Ax+B)e^{\alpha x}$

ただし，$\alpha\ne\beta$，$q>0$ とする．

[**例**] 次の微分方程式の一般解を記せ．

(1) $y''-10y'+21y=0$

(2) $y''-10y'+29y=0$

(3) $y''-10y'+25y=0$

解 特性方程式と一般解を記す．

(1) $t^2 - 10t + 21 = (t-3)(t-7)$, $y = Ae^{3x} + Be^{7x}$

(2) $t^2 - 10t + 29 = (t-5)^2 + 2^2$, $y = e^{5x}(A\cos 2x + B\sin 2x)$

(3) $t^2 - 10t + 25 = (t-5)^2$, $y = (Ax + B)e^{5x}$ □

定係数 n 階同次線形微分方程式

上の 2 階の場合の結果は，次のように一般化される：

●ポイント ─────────────── 定係数 n 階同次線形

特性方程式 $t^n + a_1 t^{n-1} + \cdots + a_{n-1} t + a_n = 0$ が，

相異なる実数解 $\alpha_1, \alpha_2, \cdots, \alpha_r$ （α_i は m_i 重解）

相異なる虚数解 $p_1 \pm q_1 i, \cdots, p_s \pm q_s i$ （$p_k \pm q_k i$ は n_k 重解）

の計 n 個の解をもつような定係数 n 階同次線形微分方程式は，次の基本解をもつ：

$e^{\alpha_i x}, x e^{\alpha_i x}, x^2 e^{\alpha_i x}, \cdots, x^{m_i - 1} e^{\alpha_i x}$ ($1 \leq i \leq r$)

$e^{p_k x}\cos q_k x, x e^{p_k x}\cos q_k x, \cdots, x^{n_k - 1} e^{p_k x}\cos q_k x$

$e^{p_k x}\sin q_k x, x e^{p_k x}\sin q_k x, \cdots, x^{n_k - 1} e^{p_k x}\sin q_k x$ ($1 \leq k \leq s$)

ただし，$m_1 + \cdots + m_r + 2(n_1 + \cdots + n_s) = n$．

したがって，一般解は，次のように書ける：

$$y = \sum_{i=1}^{r} A_i(x) e^{\alpha_i x} + \sum_{k=1}^{s} e^{p_k x}(B_k(x)\cos q_k x + C_k(x)\sin q_k x)$$

ただし，$A_i(x)$，$B_k(x)$，$C_k(x)$ は，それぞれ，$m_i - 1$ 次，$n_k - 1$ 次，$n_k - 1$ 次の任意の多項式関数で，その係数が一般解の任意定数になる．

[例] 特性方程式が，

$$(t-3)^4 \{(t-4)^2 + 5^2\}^3 = 0$$

であるような 10 階定係数同次線形微分方程式の一般解を記せ．

解 $y = (ax^3 + bx^2 + cx + d)e^{3x}$
$\qquad + e^{4x}\{(px^2 + qx + r)\cos 5x + (p'x^2 + q'x + r')\sin 5x\}$

ただし，$a, b, c, d, p, q, r, p', q', r'$ は，任意定数． □

━━━ 例題 6.1 ━━━━━━━━━━━━━━━━━━━ 基本解・定係数同次線形 ━━━

（1） x^2, x^3 を基本解にもつ2階同次線形微分方程式を作れ．

（2） 特性方程式が，$(t-2)(t-5)^3\{(t-3)^2+4^2\}^2 = 0$ であるような8階定係数同次線形微分方程式の一般解を記せ．

（3） 次の微分方程式の一般解を記せ．
　　（ⅰ）　$y'' - 8y' + 15y = 0$
　　（ⅱ）　$y'' - 8y' + 20y = 0$
　　（ⅲ）　$y'' - 8y' + 16y = 0$
　　（ⅳ）　$y'' - 8y' = 0$

【解】（1）　$y = Ax^2 + Bx^3$ ◀これが一般解

より，A, B を消去する．y', y'' を作ると，

$$\begin{cases} y = Ax^2 + Bx^3 & \cdots\cdots ① \\ y' = 2Ax + 3Bx^2 & \cdots\cdots ② \\ y'' = 2A + 6Bx & \cdots\cdots ③ \end{cases}$$

いま，①×6，②×$(-4x)$，③×x^2 の和を作ると，

$$\begin{array}{rl} ①\times 6 \ : & 6y = 6Ax^2 + 6Bx^3 \\ ②\times(-4x) \ : & -4xy' = -8Ax^2 - 12Bx^3 \\ ③\times x^2 \ : & x^2y'' = 2Ax^2 + 6Bx^3 \\ \hline & x^2y'' - 4xy' + 6y = 0 \end{array}$$

◀A, B が消去された．

これが求める微分方程式である．

▶注　一般に，$f(x), g(x)$ を基本解にもつ2階同次線形微分方程式は，

$$\begin{cases} y = Af(x) + Bg(x) \\ y' = Af'(x) + Bg'(x) \\ y'' = Af''(x) + Bg''(x) \end{cases}$$

より，A, B を消去して，

$$\begin{vmatrix} y & f(x) & g(x) \\ y' & f'(x) & g'(x) \\ y'' & f''(x) & g''(x) \end{vmatrix} = 0$$

となる．

(2)　$y = ae^{2x} + (bx^2+cx+d)e^{5x}$
　　　　　　$+ e^{3x}((px+q)\cos 4x + (rx+s)\sin 4x)$

(3)　特性方程式と一般解を記す．
　(i)　$(t-3)(t-5)=0,\quad y = Ae^{3x} + Be^{5x}$
　(ii)　$(t-4)^2 + 2^2 = 0,\quad y = e^{4x}(A\cos 2x + B\sin 2x)$
　(iii)　$(t-4)^2 = 0,\quad y = (Ax+B)e^{4x}$
　(iv)　$t(t-8)=0,\quad y = A + Be^{8x}$　　◀ $e^{0x}=1$

演習問題

6.1 次の一組の関数を基本解にもつ同次線形微分方程式を作れ．
　(1)　$x,\ \cos x$　　　　　(2)　$x,\ x^2,\ x^3$

6.2 カッコ内の一組の関数は，与えられた微分方程式の基本解であることを示せ．(解の確認は直接代入，一次独立性はロンスキアンを用いよ)
　(1)　$(x-1)y'' - xy' + y = 0$　　　$[x, e^x]$
　(2)　$x^2 y'' - 2xy' + (x^2+2)y = 0$　　$[x\cos x, x\sin x]$

6.3 次の初期値問題を解け．
　(1)　$y'' - 4y' + 3y = 0\quad y(0)=1,\ y'(0)=-5$
　(2)　$y'' - 4y' + 5y = 0\quad y(0)=1,\ y'(0)=0$
　(3)　$y'' - 4y' + 4y = 0\quad y(0)=1,\ y'(0)=0$

6.4 次の微分方程式を解け．
　(1)　$y''' - 6y'' + 11y' - 6y = 0$
　(2)　$y''' - 4y'' + 5y' - 2y = 0$
　(3)　$y'''' + 6y'' + 25y = 0$

6.5 右のようなRLC回路で，
$E = 100$ ボルト，$L = 20$ ヘンリー，
$R = 80$ オーム，$C = 0.01$ ファラッド
のとき，電流 $I(t)$ を求めよ．
ただし，時刻 $t=0$ で，電流 $I(0)=0$，
電荷 $Q(0)=0$ とする．

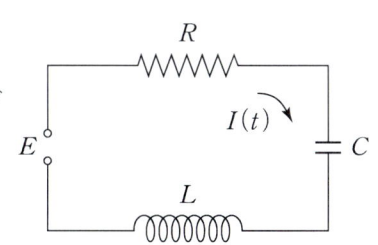

§7 非同次線形微分方程式
——————————————— 連立１次方程式のそっくりさん ———

線形微分方程式の解の構造

非同次線形微分方程式
$$y'' + P(x)y' + Q(x)y = R(x) \quad \cdots\cdots\cdots \text{Ⓐ}$$
に対して，次をⒶに**対応する**（または**付随する**）同次微分方程式という：
$$y'' + P(x)y' + Q(x)y = 0 \quad \cdots\cdots\cdots\cdots \text{Ⓐ}^*$$
いま，y_0 を非同次方程式Ⓐの解，y_* を同次方程式Ⓐ* の解とする：
$$y_0'' + P(x)y_0' + Q(x)y_0 = R(x)$$
$$y_*'' + P(x)y_*' + Q(x)y_* = 0$$
この二つの等式を辺ごとに加えると，
$$(y_0+y_*)'' + P(x)(y_0+y_*)' + Q(x)(y_0+y_*) = R(x)$$
これは，$y = y_0 + y_*$ が，非同次方程式Ⓐの解であることを示している．
とくに，y_* として，同次方程式Ⓐ* の一般解 $C_1y_1 + C_2y_2$ をとると，
$$y = y_0 + y_* = y_0 + (C_1y_1 + C_2y_2)$$
は，非同次方程式の解で，２個の任意定数を含んでいるので一般解である．

こうして，次の大切な定理が得られた：

——— ●ポイント ——————————————— 線形微分方程式の解の構造 ———
非同次線形微分方程式の一般解

非同次方程式の特殊解 ＋ 同次方程式の一般解

例　$y'' - 5y' + 6y = 2e^x \quad \cdots \quad \text{Ⓐ}$
　　$y'' - 5y' + 6y = 0 \quad \cdots\cdots \quad \text{Ⓐ}^*$

のとき，
$$y_0 = e^x, \quad y_* = Ae^{2x} + Be^{3x}$$
は，それぞれ，Ⓐの特殊解，Ⓐ* の一般解だから，次は，Ⓐの一般解である：
$$y = e^x + (Ae^{2x} + Be^{3x})$$

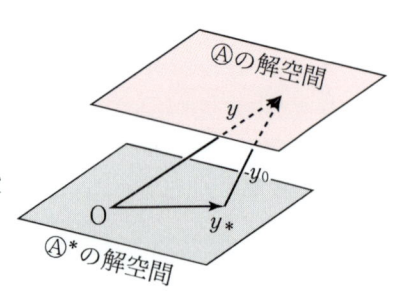

§7 非同次線形微分方程式　51

したがって，非同次方程式の特殊解と，それに対応する同次方程式の一般解をどのようにして求めるかが問題となる．

しかし，同次方程式も変数係数の場合は難しく，一般には求積法では解けないことが知られている．

そこで，まず，定係数の場合を考えることにする．

未定係数法

x^m, e^x, $\cos x$, $\sin x$ などは，微分しても関数の形はほとんど変わらないので，とくに**定係数**の場合，
$$y'' + ay' + by = R(x)$$
の非同次項 $R(x)$ の形から，特殊解の形が推測される：

非同次項	特性方程式の解	特殊解
ax^m	0：解ではない	x の m 次式
	0：1重解	$x \times (x$ の m 次式$)$
	0：2重解	$x^2 \times (x$ の m 次式$)$
$ae^{\alpha x}$	α：解ではない	$Ae^{\alpha x}$
	α：1重解	$Axe^{\alpha x}$
	α：2重解	$Ax^2 e^{\alpha x}$
$ax^m e^{\alpha x}$	α：解ではない	$e^{\alpha x} \times (x$ の m 次式$)$
	α：1重解	$xe^{\alpha x} \times (x$ の m 次式$)$
	α：2重解	$x^2 e^{\alpha x} \times (x$ の m 次式$)$
$a\cos qx$ または $a\sin qx$	qi：解ではない	$A\cos qx + B\sin qx$
	qi：解である	$x(A\cos qx + B\sin qx)$
$ae^{px}\cos qx$ または $ae^{px}\sin qx$	$p \pm qi$：解ではない	$e^{px}(A\cos qx + B\sin qx)$
	$p \pm qi$：解である	$xe^{px}(A\cos qx + B\sin qx)$

[例]（1） $y''-5y'+6y=24e^{-x}$ を解け．
（2） $y''-5y'+6y=3e^{2x}$ を解け．

解 対応する同次方程式 $y''-5y'+6y=0$ の一般解は，いずれも，
$$y = C_1 e^{2x} + C_2 e^{3x}$$
だから，与えられた微分方程式の特殊解を求める．

（1） 特殊解を，$y=Ae^{-x}$ とおき，これと，
$$y' = -Ae^{-x}, \quad y'' = Ae^{-x}$$
を，与えられた微分方程式へ代入すると，
$$Ae^{-x} - 5(-Ae^{-x}) + 6Ae^{-x} = 24e^{-x}$$
$$\therefore \quad 12Ae^{-x} = 24e^{-x} \quad \therefore \quad A = 2$$
よって，$y_0 = 2e^{-x}$ は，非同次方程式の特殊解．求める一般解は，
$$y = 2e^{-x} + C_1 e^{2x} + C_2 e^{3x}$$

（2） 特殊解を，$y = Axe^{2x}$ とおき， ◀ $y=Ae^{2x}$ ではない！
$$y = Axe^{2x}, \quad y' = A(1+2x)e^{2x}, \quad y'' = 4A(1+x)e^{2x}$$
を，与えられた微分方程式へ代入すると，
$$4A(1+x)e^{2x} - 5A(1+2x)e^{2x} + 6Axe^{2x} = 3e^{2x}$$
$$\therefore \quad -Ae^{2x} = 3e^{2x}$$
$$\therefore \quad A = -3$$
よって，$y_0 = -3xe^{2x}$ は，非同次方程式の特殊解．求める一般解は，
$$y = -3xe^{2x} + C_1 e^{2x} + C_2 e^{3x} \qquad \square$$

▶注 （2）は，$y = Ae^{2x}$ の形の解をもたない．（$y = Ae^{2x}$ が，同次方程式 $y''-5y'+6y=0$ の解になっているので）

次の自明な性質こそ，線形微分方程式の重要性を示すものである：

---●ポイント―――――――――――――重ね合わせの原理―
$y_1(x), y_2(x)$ が，それぞれ，線形微分方程式
$$y'' + P(x)y' + Q(x)y = R_1(x)$$
$$y'' + P(x)y' + Q(x)y = R_2(x)$$
の解ならば，$C_1 y_1(x) + C_2 y_2(x)$ は，微分方程式
$$y'' + P(x)y' + Q(x)y = C_1 R_1(x) + C_2 R_2(x)$$
の解である．

例題 7.1 ────────────── 未定係数法

次の微分方程式を解け：
$$y'' - y' - 2y = 2x^2 - 3 + 20\cos 2x$$

【解】 重ね合わせの原理より，

$$y'' - y' - 2y = 2x^2 - 3 \quad \cdots\cdots\cdots\cdots \text{①}$$
$$y'' - y' - 2y = 20\cos x \quad \cdots\cdots\cdots\cdots \text{②}$$

の特殊解の和は，与えられた微分方程式の特殊解である．

（1） 微分方程式①の特殊解を，
$$y = ax^2 + bx + c$$
とおき，これと，
$$y' = 2ax + b, \quad y'' = 2a$$
を①へ代入して，左辺を整理すると，
$$-2ax^2 - (2a+2b)x + (2a-b-2c) = 2x^2 - 3$$
両辺の各項の係数を比較して，
$$\begin{cases} -2a = 2 \\ -(2a+2b) = 0 \\ 2a - b - 2c = -3 \end{cases} \quad \therefore \quad \begin{cases} a = -1 \\ b = 1 \\ c = 0 \end{cases}$$
ゆえに，次は，微分方程式①の特殊解である：
$$y_1 = -x^2 + x$$

（2） 微分方程式②の特殊解を，
$$y = A\cos 2x + B\sin 2x$$
とおき，これと，
$$y' = -2A\sin 2x + 2B\cos 2x, \quad y'' = -4A\cos 2x - 4B\sin 2x$$
を②へ代入して，左辺を整理すると，
$$(-6A - 2B)\cos 2x + (2A - 6B)\sin 2x = 20\cos 2x$$
両辺の $\cos 2x$，$\sin 2x$ の係数を比較して，
$$\begin{cases} -6A - 2B = 20 \\ 2A - 6B = 0 \end{cases} \quad \therefore \quad \begin{cases} A = -3 \\ B = -1 \end{cases}$$
ゆえに，次は，微分方程式②の特殊解である：

$$y_2 = -3\cos 2x - \sin 2x$$

また，$y = Ae^{-x} + Be^{2x}$ は，対応する同次方程式 $y'' - y' - 2y = 0$ の一般解だから，与えられた微分方程式の一般解は，

$$y = -x^2 + x - 3\cos 2x - \sin 2x + Ae^{-x} + Be^{2x} \qquad \square$$

未定係数法は，ご覧のように，素朴で自然なアイディアであるが，適用範囲が"定係数"に限られてしまう．

"変数係数"は難しいが，何らかの方法で一つまた二つの特殊解が得られたときは，非同次方程式の特殊解を求める方法がある．

定数変化法

2階非同次線形微分方程式と，対応する同次線形微分方程式を考える：

$$y'' + P(x)y' + Q(x)y = R(x) \qquad \cdots\cdots\cdots Ⓐ$$
$$y'' + P(x)y' + Q(x)y = 0 \qquad \cdots\cdots\cdots\cdots Ⓐ^*$$

いま，y_1, y_2 を同次方程式Ⓐ*の基本解とすれば，一般解は，

$$y = C_1 y_1 + C_2 y_2$$

そこで，この任意定数を，x の関数 $C_1(x), C_2(x)$ でおき換えた

$$y(x) = C_1(x) y_1(x) + C_2(x) y_2(x)$$

が，非同次方程式Ⓐの解になるようにしたい．　　◀定数変化法

$$\begin{aligned} y' &= (C_1 y_1 + C_2 y_2)' \\ &= (C_1 y_1' + C_2 y_2') + (C_1' y_1 + C_2' y_2) \end{aligned}$$

◀$C_1(x), C_2(x)$ を C_1, C_2 と略記

未知関数 C_1, C_2 が2個だから，等式も2個必要．そこで，いま，

$$C_1' y_1 + C_2' y_2 = 0 \qquad \cdots\cdots\cdots\cdots ①$$

を満たす C_1, C_2 を求めよう．このとき，上の y' は，簡単な形になる：

$$y' = C_1 y_1' + C_2 y_2'$$

したがって，

$$y'' = (C_1 y_1'' + C_2 y_2'') + (C_1' y_1' + C_2' y_2')$$

これらの y, y', y'' を，非同次方程式Ⓐへ代入すると，

$$(C_1 y_1'' + C_2 y_2'') + (C_1' y_1' + C_2' y_2')$$
$$+ P(x)(C_1 y_1' + C_2 y_2') + Q(x)(C_1 y_1 + C_2 y_2) = R(x)$$

すなわち，
$$C_1(y_1'' + P(x)y_1' + Q(x)y_1) + C_2(y_2'' + P(x)y_2' + Q(x)y_2) + C_1'y_1' + C_2'y_2' = R(x)$$
ところで，y_1, y_2 は，Ⓐ* の解だから，
$$y_1'' + P(x)y_1' + Q(x)y_1 = 0, \quad y_2'' + P(x)y_2' + Q(x)y_2 = 0$$
したがって，
$$C_1'y_1' + C_2'y_2' = R(x) \quad \cdots\cdots\cdots\cdots ②$$
ゆえに，C_1', C_2' は，次を満たす：
$$\begin{cases} C_1'y_1 + C_2'y_2 = 0 & \cdots\cdots\cdots\cdots ① \\ C_1'y_1' + C_2'y_2' = R(x) & \cdots\cdots\cdots\cdots ② \end{cases}$$
これを，C_1', C_2' について解けば， ◀クラメルの公式

$$C_1' = \frac{\begin{vmatrix} 0 & y_2 \\ R & y_2' \end{vmatrix}}{\begin{vmatrix} y_1 & y_2 \\ y_1' & y_2' \end{vmatrix}} = \frac{-y_2 R(x)}{W(y_1, y_2)}, \quad C_2' = \frac{\begin{vmatrix} y_1 & 0 \\ y_1' & R \end{vmatrix}}{\begin{vmatrix} y_1 & y_2 \\ y_1' & y_2' \end{vmatrix}} = \frac{y_1 R(x)}{W(y_1, y_2)}$$

したがって，
$$y(x) = C_1(x)y_1(x) + C_2(x)y_2(x)$$
$$= y_1(x)\int \frac{-y_2(x)R(x)}{W(y_1, y_2)}dx + y_2(x)\int \frac{y_1(x)R(x)}{W(y_1, y_2)}dx$$
は，非同次線形微分方程式Ⓐの一つの特殊解である．
まとめておこう．

●ポイント ──────────────── **定数変化法** ──

y_1, y_2 が，$y'' + P(x)y' + Q(x)y = 0$ の基本解ならば，
$$y = y_1 \int \frac{-y_2 R(x)}{W(y_1, y_2)}dx + y_2 \int \frac{y_1 R(x)}{W(y_1, y_2)}dx$$
は，$y'' + P(x)y' + Q(x)y = R(x)$ の特殊解である．

［例］ $y_1 = x, \ y_2 = xe^x$ が，対応する同次方程式の基本解であることを用いて，次の非同次線形微分方程式の特殊解を（一つ）求めよ：
$$x^2 y'' - x(x+2)y' + (x+2)y = x^4 e^x$$

解 $\quad W(y_1, y_2) = W(x, xe^x) = x^2 e^x$

したがって，
$$y = x\int \frac{-xe^x \cdot x^2 e^x}{x^2 e^x}dx + xe^x\int \frac{x \cdot x^2 e^x}{x^2 e^x}dx \quad \blacktriangleleft R(x) = x^2 e^x$$
$$= -x\int xe^x dx + xe^x \int x\, dx$$
$$= -x(x-1)e^x + xe^x \cdot \frac{1}{2}x^2 = \left(\frac{1}{2}x^3 - x^2 + x\right)e^x \quad \square$$

同次方程式の特殊解

今度は，2階同次線形微分方程式
$$y'' + P(x)y' + Q(x)y = 0 \quad \cdots\cdots\cdots\cdots Ⓐ^*$$
の0でない特殊解が**一つだけ既知**の場合を考える．

その特殊解を y_1 とするとき，y_1 と一次独立な同次方程式Ⓐ*の解 y_2 を求める方法を述べよう．

いま，試みに，
$$y_2(x) = y_1(x)u(x)$$
とおいてみる．このとき，
$$y_2' = y_1' u + y_1 u', \qquad y_2'' = y_1'' u + 2y_1' u' + y_1 u''$$
これらを，微分方程式Ⓐ*へ代入すると，
$$y_1'' u + 2y_1' u' + y_1 u'' + P(x)(y_1' u + y_1 u') + Q(x)y_1 u = 0$$
$$\therefore \quad (y_1'' + P(x)y_1' + Q(x)y_1)u + y_1 u'' + (2y_1' + P(x)y_1)u' = 0$$
ところが，$y_1'' + P(x)y_1' + Q(x)y_1 = 0$ だから， $\blacktriangleleft y_1$ はⒶ*の解
$$y_1 u'' + (2y_1' + P(x)y_1)u' = 0$$
ここで，$v(x) = u'(x)$ とおけば，
$$y_1 v' + (2y_1' + P(x)y_1)v = 0$$
これは，未知関数 v の**変数分離形**だから，
$$\frac{dv}{dx} = -\left(\frac{2y_1'}{y_1} + P(x)\right)v$$
$$\int \frac{1}{v}dv = -\int \left(\frac{2y_1'}{y_1} + P(x)\right)dx$$
$$\therefore \quad \log v = -2\log y_1 - \int P(x)\,dx$$

$$\therefore \quad v = e^{-2\log y_1 - \int P(x)dx} = \frac{1}{y_1^2} e^{-\int P(x)dx}$$

したがって，$v = u'$ だから，

$$u = \int \frac{1}{y_1^2} e^{-\int P(x)dx} dx \quad \text{◀定数関数ではない}$$

こうして，y_1 と一次独立な解 $y_2 = y_1 u$ を求めることができた：

●ポイント ──────────────── **同次方程式の特殊解** ──

$y = y_1$ が，2階同次線形微分方程式

$$y'' + P(x)y' + Q(x)y = 0$$

の 0 でない解のとき，

$$y = y_2 = y_1 \int \frac{1}{y_1^2} e^{-\int P(x)dx} dx$$

とおけば，y_1, y_2 は，上の微分方程式の**基本解**になる．

例 $y_1 = x$ は，

$$x^2 y'' - x y' + y = 0$$

の解だから，次は y_1 と一次独立な解になっている：

$$y_2 = x \int \frac{1}{x^2} e^{-\int \left(-\frac{1}{x}\right)dx} dx = x \int \frac{1}{x^2} e^{\log x} dx$$

$$= x \int \frac{1}{x} dx = x \log x \qquad \square$$

同次線形微分方程式 $y'' + P(x)y' + Q(x)y = 0$ の特殊解は，次の事実から発見されることがある：

$P(x), Q(x)$ の条件	特　殊　解
$P + xQ = 0$	x
$m(m-1) + mxP + x^2 Q = 0$	x^m
$1 + P + Q = 0$	e^x
$1 - P + Q = 0$	e^{-x}
$m^2 + mP + Q = 0$	e^{mx}

── 例題 7.2 ──────────────────── 定数変化法 ──

$y_1 = x$ は，次の微分方程式に対応する同次方程式の特殊解である：
$$(x-1)y'' - xy' + y = (x-1)^2 \quad \cdots\cdots\cdots \text{Ⓐ}$$

(1) y_1と一次独立な同次方程式の特殊解を（一つ）求めよ．

(2) 微分方程式Ⓐの一般解を求めよ．

【解】 (1) 求める特殊解をy_2とする．

$$\begin{aligned}
y_2 &= x \int \frac{1}{x^2} e^{-\int \frac{-x}{x-1} dx} dx \\
&= x \int \frac{1}{x^2} e^{x + \log(x-1)} dx \\
&= x \int \frac{x-1}{x^2} e^x dx \quad (\text{☞▶注}) \\
&= x \cdot \frac{e^x}{x} = e^x
\end{aligned}$$

> $y'' + Py' + Qy = 0$ の特殊解
> $$y = y_1 \int \frac{1}{y_1^2} e^{-\int P\, dx} dx$$
> は解y_1と一次独立な特殊解．

▶注 部分積分 $\int \frac{1}{x} e^x dx = \frac{1}{x} e^x - \int \frac{-1}{x^2} e^x dx$ の右辺の積分を左辺へ．

(2) $W(y_1, y_2) = \begin{vmatrix} x & e^x \\ 1 & e^x \end{vmatrix} = (x-1)e^x$

$$C_1(x) = \int \frac{-e^x(x-1)}{(x-1)e^x} dx = -\int dx = -x \qquad \blacktriangleleft R(x) = x - 1$$

$$\begin{aligned}
C_2(x) &= \int \frac{x(x-1)}{(x-1)e^x} dx = \int x e^{-x} dx \qquad \blacktriangleleft \text{部分積分か公式集}\\
&= (-x-1)e^{-x}
\end{aligned}$$

したがって，次は非同次方程式の特殊解：
$$\begin{aligned}
y_0 &= y_1 C_1(x) + y_2 C_2(x) \\
&= x \cdot (-x) + e^x \cdot (-x-1) e^{-x} \\
&= -x^2 - x - 1
\end{aligned}$$

ゆえに，求める一般解は， $\blacktriangleleft y_1, y_2$は基本解

$$y = y_0 + A y_1 + B y_2$$

$$\therefore \quad y = -x^2 - x - 1 + Ax + B e^x \qquad \square$$

▶注 $A-1$をあらためてAとおけば，ちょっぴり簡単になる：
$$y = -x^2 - 1 + Ax + Be^x$$

§7 非同次線形微分方程式

|||||||||| **演習問題** ||||||||||

7.1 次の微分方程式を解け．（未定係数法）

(1) $y'' - y' - 2y = 4x^2$

(2) $y'' - y' = -3x^2$

(3) $y'' - y' - 2y = 4e^{3x}$

(4) $y'' - y' - 2y = 6e^{2x}$

(5) $y'' - y' - 2y = 20\sin 2x$

(6) $y'' + 4y = 4\cos 2x$

(7) $y'' - y' - 2y = 18x e^{2x}$

(8) $y'' - 2y' + 2y = 3e^x \cos 2x$

7.2 次の微分方程式を解け．ただし，カッコ内は，対応する同次方程式の一組の基本解である．

(1) $y'' - 4y' + 4y = 6x e^{2x}$ $\quad [e^{2x}, x e^{2x}]$

(2) $xy'' - (x+1)y' + y = 2x^3$ $\quad [x+1, e^x]$

(3) $(x^2-1)y'' - 2xy' + 2y = x(x^2-1)$ $\quad [x, x^2+1]$

7.3 次の微分方程式を解け．ただし，カッコ内は，対応する同次方程式の特殊解である．

(1) $(1-x)y'' + xy' - y = (1-x)^2$ $\quad [x]$

(2) $x(x-2)y'' - (x^2-2)y' + 2(x-1)y = (x-2)^2$ $\quad [x^2]$

(3) $x^2 y'' - 2xy' + (x^2+2)y = 3x^3$ $\quad [x\cos x]$

7.4 (1) $y = y_1$ が，$y'' + P(x)y' + Q(x)y = R(x)$ に対応する同次方程式の 0 でない解であるとき，$y = y_1 u$ とおけば，この非同次方程式は，u' の 1 階線形微分方程式に帰着されることを示せ．

(2) $y'' + y'\tan x + y\sec^2 x = \cos x$ $\quad [y_1 = \cos x]$ を解け．

▶注　この方法を**ダランベールの階数低下法**という．

7.5 (1) $x^2 y'' + axy' + by = R(x)$ の形の微分方程式は，$x = e^t$ とおけば，t の定係数線形微分方程式に帰着されることを示せ．

(2) $x^2 y'' - xy' + y = \log x$ を解け．

▶注　この形の微分方程式を，**オイラーの微分方程式**という．

§8 連立線形微分方程式・1
―― 連立を考えることは行列を考えること ――

連立線形微分方程式

t の関数 x_1, x_2 を未知関数とする定係数同次連立線形微分方程式

$$\begin{cases} \dfrac{dx_1}{dt} = a_{11}x_1 + a_{12}x_2 \\[2mm] \dfrac{dx_2}{dt} = a_{21}x_1 + a_{22}x_2 \end{cases}$$

を考える．"連立は行列で" とは，線形代数のスローガンだった：

$$\frac{d}{dt}\begin{bmatrix} x_1 \\ x_2 \end{bmatrix} = \begin{bmatrix} a_{11} & a_{12} \\ a_{21} & a_{22} \end{bmatrix}\begin{bmatrix} x_1 \\ x_2 \end{bmatrix}$$

このとき，

$$\boldsymbol{x} = \begin{bmatrix} x_1 \\ x_2 \end{bmatrix}, \quad A = \begin{bmatrix} a_{11} & a_{12} \\ a_{21} & a_{22} \end{bmatrix}$$

とおけば，はじめの連立微分方程式は，次のようにかけてしまう：

$$\frac{d\boldsymbol{x}}{dt} = A\boldsymbol{x}$$

▶注 ベクトル値関数 $\boldsymbol{x}(t) = \begin{bmatrix} x_1(t) \\ x_2(t) \end{bmatrix}$ と，定ベクトル $\boldsymbol{b} = \begin{bmatrix} b_1 \\ b_2 \end{bmatrix}$ に対して，

$$\lim_{t \to a} \boldsymbol{x}(t) = \boldsymbol{b} \iff \lim_{t \to a} \|\boldsymbol{x}(t) - \boldsymbol{b}\| = 0$$
$$\iff \lim_{t \to a} \sqrt{(x_1(t) - b_1)^2 + (x_2(t) - b_2)^2} = 0$$

と定義すると，次が得られる：

$$\lim_{t \to a}\begin{bmatrix} x_1(t) \\ x_2(t) \end{bmatrix} = \begin{bmatrix} \lim_{t \to a} x_1(t) \\ \lim_{t \to a} x_2(t) \end{bmatrix}$$

すなわち，**各成分ごとに** lim をとればよいことになる．したがって，lim を用いて定義される導関数も成分ごとに微分すればよいことが分かる：

$$\frac{d}{dt}\begin{bmatrix} x_1 \\ x_2 \end{bmatrix} = \begin{bmatrix} dx_1/dt \\ dx_2/dt \end{bmatrix}$$

行列の指数関数

単独線形微分方程式の解について，次のようであった：
$$\frac{dx}{dt} = ax \implies x = x(0)\,e^{at}$$

そこで，連立の場合も，その解を，
$$\frac{d\boldsymbol{x}}{dt} = A\boldsymbol{x} \implies \boldsymbol{x} = e^{tA}\boldsymbol{x}(0)$$

とかけないものだろうか？

それには，e の行列乗 $e^{行列}$ なるものを考えなければならない．

さあ，どうしよう．

手掛りは，実数または複素数 x の場合のテイラー級数である：
$$e^x = 1 + \frac{1}{1!}x + \frac{1}{2!}x^2 + \frac{1}{3!}x^3 + \cdots\cdots$$

そこで，一般の正方行列 A について，e^A を次のように定義する：

■ポイント ──────────────── e^A の定義

$$e^A = E + \frac{1}{1!}A + \frac{1}{2!}A^2 + \frac{1}{3!}A^3 + \cdots\cdots$$

簡単な具体例を示そう．

[例] 次の行列について，e^A, e^B, e^C を計算せよ：
$$A = \begin{bmatrix} \alpha & \\ & \beta \end{bmatrix},\ B = \begin{bmatrix} & \alpha \\ -\alpha & \end{bmatrix},\ C = \begin{bmatrix} \alpha & 1 \\ & \alpha \end{bmatrix}$$

◀空白の成分は 0 とする．

解 定義にしたがって正直に計算する．

$$e^A = \begin{bmatrix} 1 & \\ & 1 \end{bmatrix} + \frac{1}{1!}\begin{bmatrix} \alpha & \\ & \beta \end{bmatrix} + \frac{1}{2!}\begin{bmatrix} \alpha & \\ & \beta \end{bmatrix}^2 + \frac{1}{3!}\begin{bmatrix} \alpha & \\ & \beta \end{bmatrix}^3 + \cdots\cdots$$

$$= \begin{bmatrix} 1 & \\ & 1 \end{bmatrix} + \frac{1}{1!}\begin{bmatrix} \alpha & \\ & \beta \end{bmatrix} + \frac{1}{2!}\begin{bmatrix} \alpha^2 & \\ & \beta^2 \end{bmatrix} + \frac{1}{3!}\begin{bmatrix} \alpha^3 & \\ & \beta^3 \end{bmatrix} + \cdots\cdots$$

$$= \begin{bmatrix} 1 + \frac{\alpha}{1!} + \frac{\alpha^2}{2!} + \frac{\alpha^3}{3!} + \cdots & 0 \\ 0 & 1 + \frac{\beta}{1!} + \frac{\beta^2}{2!} + \frac{\beta^3}{3!} + \cdots \end{bmatrix} = \begin{bmatrix} e^\alpha & \\ & e^\beta \end{bmatrix}$$

$$e^B = \begin{bmatrix} 1 & \\ & 1 \end{bmatrix} + \frac{1}{1!}\begin{bmatrix} & \alpha \\ -\alpha & \end{bmatrix} + \frac{1}{2!}\begin{bmatrix} & \alpha \\ -\alpha & \end{bmatrix}^2 + \frac{1}{3!}\begin{bmatrix} & \alpha \\ -\alpha & \end{bmatrix}^3 + \cdots$$

$$= \begin{bmatrix} 1 & \\ & 1 \end{bmatrix} + \frac{1}{1!}\begin{bmatrix} & \alpha \\ -\alpha & \end{bmatrix} + \frac{1}{2!}\begin{bmatrix} -\alpha^2 & \\ & -\alpha^2 \end{bmatrix} + \frac{1}{3!}\begin{bmatrix} & -\alpha^3 \\ \alpha^3 & \end{bmatrix} + \cdots$$

$$= \begin{bmatrix} 1 - \frac{\alpha^2}{2!} + \frac{\alpha^4}{4!} - \cdots & \alpha - \frac{\alpha^3}{3!} + \frac{\alpha^5}{5!} - \cdots \\ -\alpha + \frac{\alpha^3}{3!} - \frac{\alpha^5}{5!} + \cdots & 1 - \frac{\alpha^2}{2!} + \frac{\alpha^4}{4!} - \cdots \end{bmatrix} = \begin{bmatrix} \cos\alpha & \sin\alpha \\ -\sin\alpha & \cos\alpha \end{bmatrix}$$

$$e^C = \begin{bmatrix} 1 & \\ & 1 \end{bmatrix} + \frac{1}{1!}\begin{bmatrix} \alpha & 1 \\ & \alpha \end{bmatrix} + \frac{1}{2!}\begin{bmatrix} \alpha & 1 \\ & \alpha \end{bmatrix}^2 + \frac{1}{3!}\begin{bmatrix} \alpha & 1 \\ & \alpha \end{bmatrix}^3 + \cdots$$

$$= \begin{bmatrix} 1 & \\ & 1 \end{bmatrix} + \frac{1}{1!}\begin{bmatrix} \alpha & 1 \\ & \alpha \end{bmatrix} + \frac{1}{2!}\begin{bmatrix} \alpha^2 & 2\alpha \\ & \alpha^2 \end{bmatrix} + \frac{1}{3!}\begin{bmatrix} \alpha^3 & 3\alpha^2 \\ & \alpha^3 \end{bmatrix} + \cdots$$

$$= \begin{bmatrix} 1 + \frac{\alpha}{1!} + \frac{\alpha^2}{2!} + \cdots & \frac{1}{1!} + \frac{2}{2!}\alpha + \frac{3}{3!}\alpha^2 + \cdots \\ & 1 + \frac{\alpha}{1!} + \frac{\alpha^2}{2!} + \cdots \end{bmatrix} = \begin{bmatrix} e^\alpha & e^\alpha \\ & e^\alpha \end{bmatrix} \quad \square$$

この［例］と同様に，次が得られる：

●ポイント ──────── 対角・ジョルダン行列の指数関数 ─

（1） $J = \begin{bmatrix} \alpha & \\ & \beta \end{bmatrix}$ のとき，$e^{tJ} = \begin{bmatrix} e^{\alpha t} & \\ & e^{\beta t} \end{bmatrix}$

（2） $J = \begin{bmatrix} \alpha & 1 \\ & \alpha \end{bmatrix}$ のとき，$e^{tJ} = \begin{bmatrix} e^{\alpha t} & te^{\alpha t} \\ & e^{\alpha t} \end{bmatrix}$

このような，実または複素変数 t の関数 e^{tA} を**行列の指数関数**という．

いま，この e^{tA} を微分してみよう．ただし，行列値関数の導関数は，**各成分ごとに導関数をとる**ものと定義する．

$$\frac{d}{dt}e^{tA} = \frac{d}{dt}\left(E + \frac{1}{1!}tA + \frac{1}{2!}t^2A^2 + \frac{1}{3!}t^3A^3 + \cdots\right)$$

$$= O + \frac{1}{1!}A + \frac{2}{2!}tA^2 + \frac{3}{3!}t^2A^3 + \cdots$$

$$= A\left(E + \frac{1}{1!}tA + \frac{1}{2!}t^2A^2 + \frac{1}{3!}t^3A^3 + \cdots\right) = Ae^{tA}$$

▶注　e^{tA} の各成分は，任意の $r>0$ に対して，区間 $-r \leqq t \leqq r$ で絶対一様収束し，級数は**項別微分可能**であることが知られている．

ここで，e^A の基本性質をまとめておく．

───●ポイント────────────────e^A の基本性質───
(1)　$\dfrac{d}{dt} e^{tA} = A e^{tA}$

(2)　$AB = BA$ ならば，$e^{A+B} = e^A e^B$　　［**指数法則**］

(3)　e^A はつねに正則で，$(e^A)^{-1} = e^{-A}$

(4)　任意の正則行列 P に対して，$e^{PAP^{-1}} = P e^A P^{-1}$

証明　(1)　上で証明ずみ．

(2)　e^{A+B} は，絶対収束なので，和の順序を変更してもよく，A, B は可換 $AB = BA$ だから，**普通の文字式と同様の計算**ができる：

$$e^A e^B = \left(E + \frac{A}{1!} + \frac{A^2}{2!} + \cdots \right) \left(E + \frac{B}{1!} + \frac{B^2}{2!} + \cdots \right)$$

$$= E + \frac{A+B}{1!} + \frac{A^2 + 2AB + B^2}{2!} + \frac{A^3 + 3A^2 B + 3AB^2 + B^3}{3!} + \cdots$$

$$= E + \frac{1}{1!}(A+B) + \frac{1}{2!}(A+B)^2 + \frac{1}{3!}(A+B)^3 + \cdots\cdots$$

$$= e^{A+B}$$

(3)　A と $-A$ は可換だから，
$$e^A e^{-A} = e^{A+(-A)} = e^O = E$$

(4)　$(PAP^{-1})^k = P A^k P^{-1}$　$(k = 0, 1, 2, \cdots)$ に注意して，

$$e^{PAP^{-1}} = E + \frac{1}{1!}(PAP^{-1}) + \frac{1}{2!}(PAP^{-1})^2 + \frac{1}{3!}(PAP^{-1})^3 + \cdots$$

$$= E + \frac{1}{1!} PAP^{-1} + \frac{1}{2!} PA^2 P^{-1} + \frac{1}{3!} PA^3 P^{-1} + \cdots$$

$$= P \left(E + \frac{1}{1!} A + \frac{1}{2!} A^2 + \frac{1}{3!} A^3 + \cdots \right) P^{-1}$$

$$= P e^A P^{-1} \qquad \square$$

以上の準備の下で，e^{tA} の具体的計算例を示そう．

[例] $A = \begin{bmatrix} 7 & -2 \\ 1 & 4 \end{bmatrix}$ のとき，e^{tA} を計算せよ．

解 行列 A を対角化する．
$$|\lambda E - A| = \begin{vmatrix} \lambda-7 & 2 \\ -1 & \lambda-4 \end{vmatrix} = (\lambda-5)(\lambda-6)$$

◀ 定義から直接計算するのは得策ではない

固有値は，5, 6．これらに対する固有ベクトルを求める．

(i) $A\boldsymbol{x} = 5\boldsymbol{x}$ を解く：
$$\begin{bmatrix} 7 & -2 \\ 1 & 4 \end{bmatrix} \begin{bmatrix} x \\ y \end{bmatrix} = 5 \begin{bmatrix} x \\ y \end{bmatrix}$$
$$\begin{cases} 7x - 2y = 5x \\ x + 4y = 5y \end{cases}$$
$$\therefore \begin{cases} 2x - 2y = 0 \\ x - y = 0 \end{cases}$$
この解の一つとして，次をとる：
$$\boldsymbol{p}_1 = \begin{bmatrix} x \\ y \end{bmatrix} = \begin{bmatrix} 1 \\ 1 \end{bmatrix}$$

(ii) $A\boldsymbol{x} = 6\boldsymbol{x}$ を解く：
$$\begin{bmatrix} 7 & -2 \\ 1 & 4 \end{bmatrix} \begin{bmatrix} x \\ y \end{bmatrix} = 6 \begin{bmatrix} x \\ y \end{bmatrix}$$
$$\begin{cases} 7x - 2y = 6x \\ x + 4y = 6y \end{cases}$$
$$\therefore \begin{cases} x - 2y = 0 \\ x - 2y = 0 \end{cases}$$
この解の一つとして，次をとる：
$$\boldsymbol{p}_2 = \begin{bmatrix} x \\ y \end{bmatrix} = \begin{bmatrix} 2 \\ 1 \end{bmatrix}$$

これらの固有ベクトルを用いて，
$$P = [\boldsymbol{p}_1\ \boldsymbol{p}_2] = \begin{bmatrix} 1 & 2 \\ 1 & 1 \end{bmatrix} \text{ とおけば}, P^{-1} = \begin{bmatrix} -1 & 2 \\ 1 & -1 \end{bmatrix}.$$
$$\therefore J = P^{-1}AP = \begin{bmatrix} -1 & 2 \\ 1 & -1 \end{bmatrix} \begin{bmatrix} 7 & -2 \\ 1 & 4 \end{bmatrix} \begin{bmatrix} 1 & 2 \\ 1 & 1 \end{bmatrix} = \begin{bmatrix} 5 & \\ & 6 \end{bmatrix}$$

したがって，
$$e^{tA} = e^{P(tJ)P^{-1}} = Pe^{tJ}P^{-1}$$
$$= \begin{bmatrix} 1 & 2 \\ 1 & 1 \end{bmatrix} \begin{bmatrix} e^{5t} & \\ & e^{6t} \end{bmatrix} \begin{bmatrix} -1 & 2 \\ 1 & -1 \end{bmatrix}$$
$$= \begin{bmatrix} -e^{5t} + 2e^{6t} & 2e^{5t} - 2e^{6t} \\ -e^{5t} + e^{6t} & 2e^{5t} - e^{6t} \end{bmatrix}$$
$$= e^{5t} \begin{bmatrix} -1 & 2 \\ -1 & 2 \end{bmatrix} + e^{6t} \begin{bmatrix} 2 & -2 \\ 1 & -1 \end{bmatrix} \quad \square$$

e^{tA} の計算
$J = P^{-1}AP$ を求め
$e^{tA} = Pe^{tJ}P^{-1}$

[例] $A = \begin{bmatrix} 5 & -2 \\ 4 & 1 \end{bmatrix}$ のとき，e^{tA} を計算せよ．

解 行列 A の固有値を求める．
$$|\lambda E - A| = \begin{vmatrix} \lambda-5 & 2 \\ -4 & \lambda-1 \end{vmatrix} = (\lambda-3)^2 + 2^2$$

固有値は，$3 \pm 2i$ という共役複素数．

いま，固有値 $3+2i$ に対する固有ベクトルを求める．
$A\boldsymbol{x} = (3+2i)\boldsymbol{x}$ を解く：
$$\begin{bmatrix} 5 & -2 \\ 4 & 1 \end{bmatrix} \begin{bmatrix} x \\ y \end{bmatrix} = (3+2i) \begin{bmatrix} x \\ y \end{bmatrix}$$

$$\therefore \begin{cases} 5x - 2y = (3+2i)x \\ 4x - y = (3+2i)y \end{cases} \quad \therefore \begin{cases} (2-2i)x - 2y = 0 \\ 4x - (2+2i)y = 0 \end{cases}$$

この解の一つとして，たとえば，次をとる：
$$\begin{bmatrix} x \\ y \end{bmatrix} = \begin{bmatrix} 1 \\ 1-i \end{bmatrix} = \begin{bmatrix} 1 \\ 1 \end{bmatrix} + i \begin{bmatrix} 0 \\ -1 \end{bmatrix} = \boldsymbol{p} + i\boldsymbol{q}$$

この $\boldsymbol{p}$, $\boldsymbol{q}$ を用いて，
$$P = \begin{bmatrix} \boldsymbol{p} & \boldsymbol{q} \end{bmatrix} = \begin{bmatrix} 1 & 0 \\ 1 & -1 \end{bmatrix} \text{ とおけば，} P^{-1} = \begin{bmatrix} 1 & 0 \\ 1 & -1 \end{bmatrix}$$

このとき，
$$J = P^{-1}AP = \begin{bmatrix} 1 & 0 \\ 1 & -1 \end{bmatrix} \begin{bmatrix} 5 & -2 \\ 4 & 1 \end{bmatrix} \begin{bmatrix} 1 & 0 \\ 1 & -1 \end{bmatrix} = \begin{bmatrix} 3 & 2 \\ -2 & 3 \end{bmatrix}$$

$$tJ = 3t\begin{bmatrix} 1 & \\ & 1 \end{bmatrix} + \begin{bmatrix} & 2t \\ -2t & \end{bmatrix}, \quad e^{tJ} = e^{3t}\begin{bmatrix} \cos 2t & \sin 2t \\ -\sin 2t & \cos 2t \end{bmatrix}$$

したがって，
$$e^{tA} = e^{P(tJ)P^{-1}} = Pe^{tJ}P^{-1}$$
$$= e^{3t}\begin{bmatrix} 1 & 0 \\ 1 & -1 \end{bmatrix}\begin{bmatrix} \cos 2t & \sin 2t \\ -\sin 2t & \cos 2t \end{bmatrix}\begin{bmatrix} 1 & 0 \\ 1 & -1 \end{bmatrix}$$
$$= e^{3t}\cos 2t \begin{bmatrix} 1 & \\ & 1 \end{bmatrix} + e^{3t}\sin 2t \begin{bmatrix} 1 & -1 \\ 2 & -1 \end{bmatrix} \qquad \square$$

━━━ 例題 8.1 ━━━━━━━━━━━━━━━━━━━━━━━━━━━ 行列の指数関数 ━━━

$A = \begin{bmatrix} 8 & -9 \\ 4 & -4 \end{bmatrix}$ のとき，e^{tA} を計算せよ．

【解】 行列 A の固有方程式は，

$$|\lambda E - A| = \begin{vmatrix} \lambda - 8 & 9 \\ 4 & \lambda + 4 \end{vmatrix} = (\lambda - 2)^2 = 0$$

固有方程式が**重解 2, 2 をもち**，行列 A は正則行列によって**対角化できない**場合である．そこで，

$$J = P^{-1}AP = \begin{bmatrix} 2 & 1 \\ & 2 \end{bmatrix} \quad \blacktriangleleft 2次ジョルダン行列$$

とおく．

いま，変換行列を，$P = [\boldsymbol{p}\ \boldsymbol{q}]$ とおくと，

$[A\boldsymbol{p}\ A\boldsymbol{q}] = A[\boldsymbol{p}\ \boldsymbol{q}] = AP = PJ$

$= [\boldsymbol{p}\ \boldsymbol{q}] \begin{bmatrix} 2 & 1 \\ & 2 \end{bmatrix} = [2\boldsymbol{p}\ \boldsymbol{p} + 2\boldsymbol{q}]$

したがって，次を満たす一組の $\boldsymbol{p}, \boldsymbol{q}$ を求める：

$$\begin{cases} A\boldsymbol{p} = 2\boldsymbol{p} & \cdots\cdots\cdots ① \\ A\boldsymbol{q} = \boldsymbol{p} + 2\boldsymbol{q} & \cdots\cdots\cdots ② \end{cases}$$

まず，①を成分でかき，一つの解を求める：

$\begin{cases} 8p_1 - 9p_2 = 2p_1 \\ 4p_1 - 4p_2 = 2p_2 \end{cases} \quad \therefore\ \begin{cases} 6p_1 - 9p_2 = 0 \\ 4p_1 - 6p_2 = 0 \end{cases} \quad \therefore\ \boldsymbol{p} = \begin{bmatrix} 3 \\ 2 \end{bmatrix}$

このとき，②を成分でかき，一つの解を求める．

$\begin{cases} 8q_1 - 9q_2 = 3 + 2q_1 \\ 4q_1 - 4q_2 = 2 + 2q_2 \end{cases} \quad \therefore\ \begin{cases} 6q_1 - 9q_2 = 3 \\ 4q_1 - 6q_2 = 2 \end{cases} \quad \therefore\ \boldsymbol{q} = \begin{bmatrix} -1 \\ -1 \end{bmatrix}$

そこで，$P = [\boldsymbol{p}\ \boldsymbol{q}] = \begin{bmatrix} 3 & -1 \\ 2 & -1 \end{bmatrix}$ とおけば，$P^{-1} = \begin{bmatrix} 1 & -1 \\ 2 & -3 \end{bmatrix}$

このとき，

$$J = P^{-1}AP = \begin{bmatrix} 2 & 1 \\ & 2 \end{bmatrix},\ e^{tJ} = \begin{bmatrix} e^{2t} & te^{2t} \\ & e^{2t} \end{bmatrix}$$

したがって，
$$e^{tA} = e^{P(tJ)P^{-1}} = Pe^{tJ}P^{-1}$$
$$= e^{2t}\begin{bmatrix} 3 & -1 \\ 2 & -1 \end{bmatrix}\begin{bmatrix} 1 & t \\ & 1 \end{bmatrix}\begin{bmatrix} 1 & -1 \\ 2 & -3 \end{bmatrix}$$
$$= e^{2t}\begin{bmatrix} 1 & \\ & 1 \end{bmatrix} + te^{2t}\begin{bmatrix} 6 & -9 \\ 4 & -6 \end{bmatrix} \qquad \square$$

演習問題

8.1 （1） 連立微分方程式
$$\begin{cases} \dfrac{dx_1}{dt} = a_{11}x_1 + a_{12}x_2 & \cdots\cdots\cdots ① \\ \dfrac{dx_2}{dt} = a_{21}x_1 + a_{22}x_2 & \cdots\cdots\cdots ② \end{cases}$$

から，次の2階同次線形微分方程式を導け：
$$\frac{d^2x_1}{dt^2} - (a_{11} + a_{22})\frac{dx_1}{dt} + (a_{11}a_{22} - a_{12}a_{21})x_1 = 0$$

（2） 2階線形微分方程式
$$\frac{d^2y}{dx^2} + a\frac{dy}{dx} + by = c$$

と同値な1階連立線形微分方程式を作れ．

8.2 次の各行列 A の指数関数 e^{tA} を計算せよ．

（1） $\begin{bmatrix} 6 & 3 \\ 1 & 4 \end{bmatrix}$ （2） $\begin{bmatrix} 1 & 2 \\ -1 & 3 \end{bmatrix}$ （3） $\begin{bmatrix} -3 & 4 \\ -9 & 9 \end{bmatrix}$

8.3 次の行列について，e^{A+B}, $e^A e^B$ を計算し，比較せよ：
$$A = \begin{bmatrix} 0 & 0 \\ -\alpha & 0 \end{bmatrix}, \quad B = \begin{bmatrix} 0 & \alpha \\ 0 & 0 \end{bmatrix}$$

8.4 2次正方行列 A と e^A の固有多項式を，それぞれ，$\varphi_A(\lambda)$ および $\varphi_{e^A}(\lambda)$ とするとき，次を示せ：

（1） $\varphi_A(\lambda) = (\lambda - \alpha)(\lambda - \beta)$ ならば，$\varphi_{e^A}(\lambda) = (\lambda - e^\alpha)(\lambda - e^\beta)$

（2） $|e^A| = e^{\mathrm{tr}A}$ （$\mathrm{tr}A$ は行列 A の対角成分の総和）

§9 連立線形微分方程式・2

―――― 線形代数のフル活用 ――――

同次連立線形微分方程式

さて，いよいよ，微分方程式の解法に入る．

まず，同次の場合であるが，単独微分方程式の一般解

$$\frac{dx}{dt} = ax \implies x = Ce^{at} \quad (C：任意定数)$$

とそっくりの形で，次の定理が成立する：

> ●ポイント ────────── 定係数同次線形微分方程式の一般解 ──
> $$\frac{d\boldsymbol{x}}{dt} = A\boldsymbol{x} \implies \boldsymbol{x} = e^{tA}\boldsymbol{c} \quad (\boldsymbol{c}：任意の定ベクトル)$$

$\boldsymbol{x} = e^{tA}\boldsymbol{c}$ （$\boldsymbol{c} = \boldsymbol{x}(0)$）が解であることを代入して確認する：

$$\frac{d\boldsymbol{x}}{dt} = \frac{d}{dt}(e^{tA}\boldsymbol{c}) = \left(\frac{d}{dt}e^{tA}\right)\boldsymbol{c} = Ae^{tA}\boldsymbol{c} = A\boldsymbol{x}$$

解の一意性から，解は $\boldsymbol{x} = e^{tA}\boldsymbol{c}$ だけであることが分かる．

▶注 解の存在と一意性について，次の定理が知られている：

存在定理 $\boldsymbol{b}: I \to \boldsymbol{R}^2$ が連続ならば，区間 $I \subseteq \boldsymbol{R}$ 内の1点 t_0 での初期条件 $\boldsymbol{x}(t_0) = \boldsymbol{a}$ を満たす線形微分方程式

$$\frac{d\boldsymbol{x}}{dt} = A\boldsymbol{x} + \boldsymbol{b}(t)$$

の解は，区間 I に，**ただ一つ**必ず**存在**する．

例
$$\frac{d}{dt}\begin{bmatrix} x \\ y \end{bmatrix} = \begin{bmatrix} 3 & -2 \\ 4 & -3 \end{bmatrix}\begin{bmatrix} x \\ y \end{bmatrix}$$

の解を求めよう．まず，係数行列

$$A = \begin{bmatrix} 3 & -2 \\ 4 & -3 \end{bmatrix}$$

の固有値とそれに対する固有ベクトルから成る変換行列によって行列 A を対角化する．たとえば，

$$P = \begin{bmatrix} 1 & 1 \\ 1 & 2 \end{bmatrix}, \quad P^{-1} = \begin{bmatrix} 2 & -1 \\ -1 & 1 \end{bmatrix}$$

によって，行列 A は，次のように対角化される：

$$J = P^{-1}AP = \begin{bmatrix} 1 & \\ & -1 \end{bmatrix}$$

したがって，求める一般解は，

$$\boldsymbol{x} = e^{tA}\boldsymbol{c} = e^{P(tJ)P^{-1}}\boldsymbol{c} = Pe^{tJ}P^{-1}\boldsymbol{c}$$

ここで，$P^{-1}\boldsymbol{c}$ をあらためて，$\begin{bmatrix} c_1 \\ c_2 \end{bmatrix}$ とおけば，求める解は，

$$\begin{aligned}
\begin{bmatrix} x \\ y \end{bmatrix} &= \begin{bmatrix} 1 & 1 \\ 1 & 2 \end{bmatrix} \begin{bmatrix} e^t & \\ & e^{-t} \end{bmatrix} \begin{bmatrix} c_1 \\ c_2 \end{bmatrix} \\
&= \begin{bmatrix} 1 & 1 \\ 1 & 2 \end{bmatrix} \begin{bmatrix} e^t & \\ & \end{bmatrix} \begin{bmatrix} c_1 \\ c_2 \end{bmatrix} + \begin{bmatrix} 1 & 1 \\ 1 & 2 \end{bmatrix} \begin{bmatrix} & \\ & e^{-t} \end{bmatrix} \begin{bmatrix} c_1 \\ c_2 \end{bmatrix} \\
&= c_1 e^t \begin{bmatrix} 1 \\ 1 \end{bmatrix} + c_2 e^{-t} \begin{bmatrix} 1 \\ 2 \end{bmatrix} \quad \square
\end{aligned}$$

非同次連立線形微分方程式

今度は，非同次の場合である．次の微分方程式を解こう：

$$\frac{d\boldsymbol{x}}{dt} = A\boldsymbol{x} + \boldsymbol{b}(t) \quad \cdots\cdots\cdots\cdots\cdots\cdots Ⓐ$$

まず，$\boldsymbol{b}(t) = \boldsymbol{0}$ の場合，$\dfrac{d\boldsymbol{x}}{dt} = A\boldsymbol{x}$ の一般解は，$\boldsymbol{x} = e^{tA}\boldsymbol{c}$ であるから，**定数変化法**により，$\boldsymbol{c}$ を t の関数に替えて，非同次方程式Ⓐの解を，

$$\boldsymbol{x} = e^{tA}\boldsymbol{c}(t)$$

とおく．このとき，

$$\frac{d\boldsymbol{x}}{dt} = Ae^{tA}\boldsymbol{c}(t) + e^{tA}\frac{d\boldsymbol{c}}{dt} \quad \blacktriangleleft 積の微分法$$

これらを微分方程式Ⓐへ代入すると，

$$Ae^{tA}\boldsymbol{c}(t) + e^{tA}\frac{d\boldsymbol{c}}{dt} = Ae^{tA}\boldsymbol{c}(t) + \boldsymbol{b}(t)$$

$$\therefore \quad e^{tA}\frac{d\boldsymbol{c}}{dt} = \boldsymbol{b}(t)$$

$$\therefore \quad \frac{d\boldsymbol{c}}{dt} = e^{-tA}\boldsymbol{b}(t) \qquad \blacktriangleleft (e^{tA})^{-1} = e^{-tA}$$

$$\therefore \quad \boldsymbol{c}(t) = \int e^{-tA}\boldsymbol{b}(t)\,dt + \boldsymbol{k} \quad (\boldsymbol{k}：任意の定ベクトル)$$

これを，$\boldsymbol{x} = e^{tA}\boldsymbol{c}(t)$ へ代入し，$\boldsymbol{k}$ をあらためて $\boldsymbol{c}$ とおけば，

●ポイント ─────── 定係数非同次線形微分方程式の一般解 ───

$$\frac{d\boldsymbol{x}}{dt} = A\boldsymbol{x} + \boldsymbol{b}(t) \implies \boldsymbol{x} = e^{tA}\left(\int e^{-tA}\boldsymbol{b}(t)\,dt + \boldsymbol{c}\right)$$

▶注 このポイントの具体的例を挙げる前に，上で用いた "積の微分法" にふれておこう．

一般に，行列値関数 $A(t)$，ベクトル値関数 $\boldsymbol{c}(t)$ に対して，

- $\dfrac{d}{dt}A(t)\boldsymbol{c}(t) = \left(\dfrac{d}{dt}A(t)\right)\boldsymbol{c}(t) + A(t)\dfrac{d}{dt}\boldsymbol{c}(t)$

の成立は，次のように確認される．簡単のため，変数 t を省略し，

$$A = \begin{bmatrix} a_{11} & a_{12} \\ a_{21} & a_{22} \end{bmatrix},\quad \boldsymbol{c} = \begin{bmatrix} c_1 \\ c_2 \end{bmatrix}$$

と記すことにするが，A, $\boldsymbol{c}$ の成分は，すべて t の関数である．

$$(A\boldsymbol{c})' = \begin{bmatrix} a_{11}c_1 + a_{12}c_2 \\ a_{21}c_1 + a_{22}c_2 \end{bmatrix}'$$

$$= \begin{bmatrix} a_{11}'c_1 + a_{11}c_1' + a_{12}'c_2 + a_{12}c_2' \\ a_{21}'c_1 + a_{21}c_1' + a_{22}'c_2 + a_{22}c_2' \end{bmatrix}$$

$$= \begin{bmatrix} a_{11}'c_1 + a_{12}'c_2 \\ a_{21}'c_1 + a_{22}'c_2 \end{bmatrix} + \begin{bmatrix} a_{11}c_1' + a_{12}c_2' \\ a_{21}c_1' + a_{22}c_2' \end{bmatrix}$$

$$= \begin{bmatrix} a_{11}' & a_{12}' \\ a_{21}' & a_{22}' \end{bmatrix}\begin{bmatrix} c_1 \\ c_2 \end{bmatrix} + \begin{bmatrix} a_{11} & a_{12} \\ a_{21} & a_{22} \end{bmatrix}\begin{bmatrix} c_1' \\ c_2' \end{bmatrix}$$

$$= A'\boldsymbol{c} + A\boldsymbol{c}'$$

ついでながら，実変数 t の行列値関数の導関数についての類似の公式を記しておく：

- $\dfrac{d}{dt}(A(t) + B(t)) = \dfrac{d}{dt}A(t) + \dfrac{d}{dt}B(t)$

- $\dfrac{d}{dt}A(t)B(t) = \left(\dfrac{d}{dt}A(t)\right)B(t) + A(t)\dfrac{d}{dt}B(t)$

- $\dfrac{d}{dt}(A(t)^{-1}) = -A(t)^{-1}\left(\dfrac{d}{dt}A(t)\right)A(t)^{-1}$ ◀積の順序に注意

例 の解を求めよう．

$$\frac{d}{dt}\begin{bmatrix} x \\ y \end{bmatrix} = \begin{bmatrix} 3 & -2 \\ 4 & -3 \end{bmatrix}\begin{bmatrix} x \\ y \end{bmatrix} + \begin{bmatrix} e^{3t} \\ e^{3t} \end{bmatrix}$$

係数行列，非同次項は，それぞれ，

$$A = \begin{bmatrix} 3 & -2 \\ 4 & -3 \end{bmatrix},\ \boldsymbol{b}(t) = \begin{bmatrix} e^{3t} \\ e^{3t} \end{bmatrix}$$

係数行列 A は，たとえば，次のように対角化される：

$$J = P^{-1}AP = \begin{bmatrix} 1 & \\ & -1 \end{bmatrix},\ \text{ただし，}P = \begin{bmatrix} 1 & 1 \\ 1 & 2 \end{bmatrix}$$

そこで，$e^{tA} = Pe^{tJ}P^{-1}$ を計算すると，

$$e^{tA} = \begin{bmatrix} 2e^t - e^{-t} & -e^t + e^{-t} \\ 2e^t - 2e^{-t} & -e^t + 2e^{-t} \end{bmatrix}$$

よって，

$$e^{-tA} = \begin{bmatrix} -e^t + 2e^{-t} & e^t - e^{-t} \\ -2e^t + 2e^{-t} & 2e^t - e^{-t} \end{bmatrix}$$

◀ t の代りに $-t$ とおいた．

このとき，

$$e^{-tA}\boldsymbol{b}(t) = \begin{bmatrix} -e^t + 2e^{-t} & e^t - e^{-t} \\ -2e^t + 2e^{-t} & 2e^t - e^{-t} \end{bmatrix}\begin{bmatrix} e^{3t} \\ e^{3t} \end{bmatrix} = \begin{bmatrix} e^{2t} \\ e^{2t} \end{bmatrix}$$

したがって，

$$\boldsymbol{x} = e^{tA}\left(\int e^{-tA}\boldsymbol{b}(t)\,dt + \boldsymbol{c}\right)$$

$$= \begin{bmatrix} 2e^t - e^{-t} & -e^t + e^{-t} \\ 2e^t - 2e^{-t} & -e^t + 2e^{-t} \end{bmatrix}\left(\int\begin{bmatrix} e^{2t} \\ e^{2t} \end{bmatrix}dt + \begin{bmatrix} c_1 \\ c_2 \end{bmatrix}\right)$$

$$= \begin{bmatrix} 2e^t - e^{-t} & -e^t + e^{-t} \\ 2e^t - 2e^{-t} & -e^t + 2e^{-t} \end{bmatrix}\left(\frac{1}{2}\begin{bmatrix} e^{2t} \\ e^{2t} \end{bmatrix} + \begin{bmatrix} c_1 \\ c_2 \end{bmatrix}\right)$$

ゆえに，求める一般解は，

$$\begin{bmatrix} x \\ y \end{bmatrix} = \frac{1}{2}\begin{bmatrix} e^{3t} \\ e^{3t} \end{bmatrix} + c_1\begin{bmatrix} 2e^t - e^{-t} \\ 2e^t - 2e^{-t} \end{bmatrix} + c_2\begin{bmatrix} -e^t + e^{-t} \\ -e^t + 2e^{-t} \end{bmatrix}$$

$$= \frac{1}{2}e^{3t}\begin{bmatrix} 1 \\ 1 \end{bmatrix} + c_1 e^t\begin{bmatrix} 1 \\ 1 \end{bmatrix} + c_2 e^{-t}\begin{bmatrix} 1 \\ 2 \end{bmatrix} \qquad \square$$

▶ **注**　$2c_1 - c_2,\ -c_1 + c_2$ を，あらためて，それぞれ，c_1, c_2 とおいた．

例題 9.1 ─────── 連立非同次線形微分方程式

次の連立微分方程式を解け：$\begin{cases} \dfrac{dx}{dt} = y + t \\ \dfrac{dy}{dt} = -x - 1 \end{cases}$

【解】 $\boldsymbol{x} = \begin{bmatrix} x(t) \\ y(t) \end{bmatrix}$, $A = \begin{bmatrix} & 1 \\ -1 & \end{bmatrix}$, $\boldsymbol{b}(t) = \begin{bmatrix} t \\ -1 \end{bmatrix}$

とおけば，問題の微分方程式は，

$$\frac{d\boldsymbol{x}}{dt} = A\boldsymbol{x} + \boldsymbol{b}(t)$$

とかける．また，

$$e^{tA} = \begin{bmatrix} \cos t & \sin t \\ -\sin t & \cos t \end{bmatrix}, \quad e^{-tA} = \begin{bmatrix} \cos t & -\sin t \\ \sin t & \cos t \end{bmatrix}$$

したがって，与えられた微分方程式の一般解は，

$$\boldsymbol{x} = e^{tA}\left(\int e^{-tA} \boldsymbol{b}(t)\, dt + \boldsymbol{c} \right)$$

$$= \begin{bmatrix} \cos t & \sin t \\ -\sin t & \cos t \end{bmatrix} \left(\int \begin{bmatrix} \cos t & -\sin t \\ \sin t & \cos t \end{bmatrix} \begin{bmatrix} t \\ -1 \end{bmatrix} dt + \begin{bmatrix} c_1 \\ c_2 \end{bmatrix} \right)$$

$$= \begin{bmatrix} \cos t & \sin t \\ -\sin t & \cos t \end{bmatrix} \left(\int \begin{bmatrix} t\cos t + \sin t \\ t\sin t - \cos t \end{bmatrix} dt + \begin{bmatrix} c_1 \\ c_2 \end{bmatrix} \right)$$

$$= \begin{bmatrix} \cos t & \sin t \\ -\sin t & \cos t \end{bmatrix} \left(\begin{bmatrix} t\sin t \\ -t\cos t \end{bmatrix} + \begin{bmatrix} c_1 \\ c_2 \end{bmatrix} \right)$$

$$= \begin{bmatrix} 0 \\ -t \end{bmatrix} + c_1 \begin{bmatrix} \cos t \\ -\sin t \end{bmatrix} + c_2 \begin{bmatrix} \sin t \\ \cos t \end{bmatrix}$$

ゆえに，求める一般解は，

$$\begin{cases} x = c_1 \cos t + c_2 \sin t \\ y = -t - c_1 \sin t + c_2 \cos t \end{cases}$$
□

▶注 この例題は，**すべての**定係数非同次線形微分方程式に適用できる解法を示すものであって，各々の問題に対しては，必ずしも最短最良の解法とはかぎらない．個々の具体的な微分方程式が与えられたときは，その**特徴を活かす解法**がいろいろ工夫される．

たとえば，本問では，未定係数法によって，x, y の多項式解（非同次方程式の特殊解）を求めることができる．

また，y を消去して，x の2階線形微分方程式
$$x'' + x = 0$$
として解くこともできる．

############ 演習問題 ############

9.1 次の連立微分方程式を解け．

(1) $\begin{cases} \dfrac{dx}{dt} = 4x - 2y \\ \dfrac{dy}{dt} = x + 7y \end{cases}$ (2) $\begin{cases} \dfrac{dx}{dt} = 6x - y \\ \dfrac{dy}{dt} = 5x + 2y \end{cases}$

(3) $\begin{cases} \dfrac{dx}{dt} = 6x + y \\ \dfrac{dy}{dt} = -x + 4y \end{cases}$

9.2 次の連立微分方程式を解け．

(1) $\begin{cases} \dfrac{dx}{dt} = y + \sin 2t \\ \dfrac{dy}{dt} = -x + \cos 2t \end{cases}$

(2) $\begin{cases} \dfrac{dx}{dt} = y + 2 \\ \dfrac{dy}{dt} = x - t \end{cases}$

9.3 2階線形微分方程式 $y'' - 5y' + 6y = 0$ を，
$$\boldsymbol{x} = \begin{bmatrix} x_1 \\ x_2 \end{bmatrix} = \begin{bmatrix} y \\ y' \end{bmatrix}$$
とおき，連立微分方程式に帰着させることによって解け．

§10 演算子と逆演算子
―――― 微分方程式を〝割り算〟で解こう ――――

微分演算子

この §10 と §11 では，〝演算子〟というものを用いて，同次および非同次の定係数線形微分方程式を解く方法を述べる．

たとえば，
$$\frac{d^2y}{dx^2} + a\frac{dy}{dx} + by = Q(x)$$
は，
$$\frac{d}{dx}\frac{d}{dx}y + a\frac{d}{dx}y + by = Q(x)$$
ということだから，次のようにもかける：
$$\left(\left(\frac{d}{dx}\right)^2 + a\frac{d}{dx} + b\right)y = Q(x)$$

このとき，$\frac{d}{dx}$ を**微分演算子**とよび，Differential operator の頭文字をとって，D と記す．この記号を用いれば，上の微分方程式は，
$$(D^2 + aD + b)y = Q(x)$$
とかける．このとき，D の多項式 $D^2 + aD + b$ を $P(D)$ とおけば，
$$P(D)y = Q(x)$$
とかけてしまう．D の多項式 $P(D)$ のことも，**微分演算子**または単に**演算子**とよぶことがある．演算子 $D^2 + aD + b$ は，関数 y に働きかけて新しい関数 $y'' + ay' + by$ を作り出す機能と考えられる．

例 $(D^2 - 3D + 2)(x^5) = (x^5)'' - 3(x^5)' + 2 \cdot x^5$
$$= 20x^3 - 15x^4 + 2x^5$$

この演算子 $D^2 - 3D + 2$ は，関数 x^5 から関数 $20x^3 - 15x^4 + 2x^5$ を作る働きである． □

数や関数に，相等および和・差・実数倍・積を考えるように，D の多項式についても，それらを次のように定義する：

$$P_1(D) = P_2(D) \iff \text{すべての関数 } y \text{ に対して,} \ P_1(D)y = P_2(D)y$$
$$(P_1(D) + P_2(D))\,y = P_1(D)\,y + P_2(D)\,y$$
$$(P_1(D) - P_2(D))\,y = P_1(D)\,y - P_2(D)\,y$$
$$(aP(D))\,y = a(P(D)\,y)$$
$$(P_1(D)\,P_2(D))\,y = P_1(D)(P_2(D)\,y)$$

▶ 左辺を右辺で定義する.

例
$$\begin{aligned}(D-\alpha)(D-\beta)\,y &= (D-\alpha)(y' - \beta y) \\ &= (y' - \beta y)' - \alpha(y' - \beta y) \\ &= y'' - \beta y' - \alpha y' + \alpha\beta y \\ &= y'' - (\alpha + \beta)\,y' + \alpha\beta y \\ &= (D^2 - (\alpha + \beta)\,D + \alpha\beta)\,y\end{aligned}$$

したがって,演算子間の等式
$$(D-\alpha)(D-\beta) = D^2 - (\alpha + \beta)\,D + \alpha\beta$$
が得られた.同様に,次が成立する:
$$(D-\beta)(D-\alpha) = D^2 - (\alpha + \beta)\,D + \alpha\beta$$
したがって,$D-\alpha$ と $D-\beta$ のあいだに,**交換法則**が成立する:
$$(D-\alpha)(D-\beta) = (D-\beta)(D-\alpha) \qquad \square$$

一般に,演算子について,次の等式が成立することが示される:
$$P_1(D)\,P_2(D) = P_2(D)\,P_1(D)$$

▶ **注** 演算子の計算は,行列の計算によく似ている:
$$(A-\alpha E)(A-\beta E) = A^2 - (\alpha+\beta)\,A + \alpha\beta E$$

演算子の計算で,α, β が定数であることが大切で,変数が入ると事情は一変する.たとえば,
$$\begin{aligned}(D-x)(D+x)\,y &= (D-x)(y' + xy) \\ &= (y' + xy)' - x(y' + xy) \\ &= y'' + (xy)' - xy' - x^2 y \\ &= y'' + y - x^2 y\end{aligned}$$
$$\begin{aligned}(D+x)(D-x)\,y &= (D+x)(y' - xy) \\ &= (y' - xy)' + x(y' - xy) \\ &= y'' - (xy)' + xy' - x^2 y \\ &= y'' - y - x^2 y\end{aligned}$$
となり,残念ながら,$(D-x)(D+x) = (D+x)(D-x)$ は成立しない.

これから述べる演算子の利用で解決できる線形微分方程式は，もっぱら**定係数の場合に限る**ことに注意していただきたい．

逆演算子

定係数線形微分方程式，たとえば，
$$y'' + ay' + by = Q(x) \quad \cdots\cdots\cdots\cdots\cdots \quad (*)$$
すなわち，
$$(D^2 + aD + b)\,y = Q(x) \quad \cdots\cdots\cdots\cdots\cdots \quad (*)'$$
の意味は，何かある関数 y に，演算子 $P(D) = D^2 + aD + b$ を施すと，関数 $Q(x)$ が得られる，ということである：

$$y \xrightarrow{\;P(D)\;} Q(x)$$

微分方程式を"解く"ということは，この関係を逆にして，

$$y \xleftarrow{\;P(D)^{-1}\;} Q(x)$$

のように，関数 $Q(x)$ から関数 y を求めることである．

一般に，演算子 $P(D)$ によって関数 $f(x)$ から関数 $g(x)$ が作り出されるとき，関数 $g(x)$ から，もとの関数 $f(x)$ を作り出す演算子のことを，$P(D)$ の**逆演算子**とよび，$P(D)^{-1}$ または $\dfrac{1}{P(D)}$ と記す．

逆演算子は，逆関数と類似の概念なので，次のような性質をもつ：
$$(P_1(D)\,P_2(D))^{-1} = P_2(D)^{-1} P_1(D)^{-1} \quad \text{◀順序に注意}$$

▶注　逆演算子 $P(D)^{-1}$ は，D の多項式にはならない．念のため．

さて，微分方程式 $(*)$ すなわち $(*)'$ を解くには，$D^2 + aD + b$ の逆演算子 $(D^2 + aD + b)^{-1}$ が必要で，これが求められれば，解は，
$$y = (D^2 + aD + b)^{-1} Q(x)$$
で与えられる．このとき，$D^2 + aD + b$ を，
$$D^2 + aD + b = (D - \alpha)(D - \beta)$$
のように**因数分解する**ことが，ポイント．それは，
$$(D^2 + aD + b)^{-1} = (D - \beta)^{-1}(D - \alpha)^{-1}$$

となるから，$D-\alpha$ という形の逆演算子を考えるだけでよいからである．

$D-\alpha$ の逆演算子 $(D-\alpha)^{-1}$ を求めるのだが，それは，関数 $f(x)$ が与えられたとき，$(D-\alpha)y = f(x)$ すなわち，
$$\frac{dy}{dx} - \alpha y = f(x)$$
なる関数 y を求めることにほかならない．

そこで，この等式の両辺に，$e^{-\alpha x}$ を掛けると， ◀ $e^{-\alpha x}$ は積分因数のようなもの

$$e^{-\alpha x}\frac{dy}{dx} - \alpha e^{-\alpha x} y = e^{-\alpha x} f(x)$$

$$\therefore \quad \frac{d}{dx}(e^{-\alpha x} y) = e^{-\alpha x} f(x)$$

$$\therefore \quad e^{-\alpha x} y = \int e^{-\alpha x} f(x)\, dx$$

$$y = e^{\alpha x} \int e^{-\alpha x} f(x)\, dx$$

したがって，関数 $f(x)$ に $(D-\alpha)^{-1}$ を施すことは，$f(x)$ に，

（1） $e^{-\alpha x}$ を掛ける．

（2） x で積分する．

（3） $e^{\alpha x}$ を掛ける．

という三つの操作を，この順に施すことであることが分かった：

$$f(x) \xrightarrow{(1)} e^{-\alpha x} f(x) \xrightarrow{(2)} \int e^{-\alpha x} f(x)\, dx \xrightarrow{(3)} e^{\alpha x} \int e^{-\alpha x} f(x)\, dx$$

●ポイント ──────────── $\dfrac{1}{D-\alpha}$ の公式 ─

$$\frac{1}{D-\alpha} f(x) = e^{\alpha x} \int e^{-\alpha x} f(x)\, dx$$

例 $\quad \dfrac{1}{D-2} e^{3x} = e^{2x} \int e^{-2x} e^{3x}\, dx = e^{2x} \int e^{x}\, dx$

$$= e^{2x}(e^{x} + C) = e^{3x} + C e^{2x} \qquad \square$$

▶注　これは，微分方程式 $(D-2)y = e^{3x}$ すなわち，$y' - 2y = e^{3x}$ の一般解にほかならない．

定係数同次線形微分方程式

演算子の方法によって，2階同次線形微分方程式
$$y'' - (\alpha+\beta)y' + \alpha\beta y = 0$$
を解いてみよう．演算子を使ってかけば，
$$(D^2 - (\alpha+\beta)D + \alpha\beta)y = 0$$
このとき，
$$(D-\alpha)(D-\beta)y = 0$$
のように，演算子を D の1次式の積に因数分解することが，大切．

$$\begin{aligned}
y &= \frac{1}{D-\alpha}\frac{1}{D-\beta}0 \\
&= \frac{1}{D-\alpha}e^{\beta x}\int e^{-\beta x}\cdot 0\, dx \\
&= \frac{1}{D-\alpha}e^{\beta x}\int 0\, dx \\
&= \frac{1}{D-\alpha}C_1 e^{\beta x} \\
&= e^{\alpha x}\int e^{-\alpha x}(C_1 e^{\beta x})\, dx \\
&= C_1 e^{\alpha x}\int e^{(\beta-\alpha)x}\, dx
\end{aligned}$$

◀ $\frac{1}{D-\alpha}\,\frac{1}{D-\beta}$ なる逆演算子によって，定数関数 0 から作り出される関数が y ということ．文字式と混同して，=0 と錯覚しないこと！

ここで，二つの場合に分かれる．

（ⅰ） $\alpha \ne \beta$ のとき：
$$y = C_1 e^{\alpha x}\left(\frac{1}{\beta-\alpha}e^{(\beta-\alpha)x} + C_2\right) = C_1 C_2 e^{\alpha x} + \frac{C_1}{\beta-\alpha}e^{\beta x}$$
ここで，$e^{\alpha x}$, $e^{\beta x}$ の係数を，あらためて，それぞれ，A, B とおいて，
$$y = Ae^{\alpha x} + Be^{\beta x} \quad (A, B：任意定数)$$

（ⅱ） $\alpha = \beta$ のとき：
$$y = C_1 e^{\alpha x}\int 1\, dx = C_1 e^{\alpha x}(x+C_2) = e^{\alpha x}(C_1 x + C_1 C_2)$$

これも，$C_1, C_1 C_2$ を，あらためて，それぞれ，A, B とおいて，
$$y = e^{\alpha x}(Ax + B) \quad (A, B：任意定数)$$

以上は，2階の場合であったが，次に，一般の場合を考える．

いま，$\alpha_1, \alpha_2, \cdots, \alpha_r$ を互いに異なる実数または複素数とする．

このとき，$n = m_1 + m_2 + \cdots + m_r$ 階同次線形微分方程式
$$(D-\alpha_1)^{m_1}(D-\alpha_2)^{m_2}\cdots(D-\alpha_r)^{m_r}y = 0 \quad \cdots\cdots \text{Ⓐ}$$
を解いてみよう．

まず，$(D-\alpha_1)^{m_1}, (D-\alpha_2)^{m_2}, \cdots, (D-\alpha_r)^{m_r}$ は，自由に順序を入れかえることができるから，Ⓐの $(D-\alpha_i)^{m_i}$ を一番最後に移して，
$$(D-\alpha_1)^{m_1}\cdots(D-\alpha_{i-1})^{m_{i-1}}(D-\alpha_{i+1})^{m_{i+1}}\cdots$$
$$\cdots(D-\alpha_r)^{m_r}(D-\alpha_i)^{m_i}y = 0$$
とかいてみると，次のことが分かるであろう：
$$(D-\alpha_i)^{m_i}y = 0 \text{ の解は，Ⓐの解になっている！}$$
そこで，次の形の微分方程式の解を求めることを考える：
$$(D-\alpha)^m y = 0 \quad \cdots\cdots\cdots\cdots\cdots\cdots (*)$$
先ほどの $\dfrac{1}{D-\alpha}$ の公式を，
$$\frac{1}{D-\alpha}f(x) = e^{\alpha x}\frac{1}{D}(e^{-\alpha x}f(x))$$
とかき，くり返し用いると，
$$\frac{1}{(D-\alpha)^2}f(x) = \frac{1}{D-\alpha}\frac{1}{D-\alpha}f(x)$$
$$= \frac{1}{D-\alpha}e^{\alpha x}\frac{1}{D}(e^{-\alpha x}f(x))$$
$$= e^{\alpha x}\frac{1}{D}\left(e^{-\alpha x}e^{\alpha x}\frac{1}{D}(e^{-\alpha x}f(x))\right)$$
$$= e^{\alpha x}\frac{1}{D^2}(e^{-\alpha x}f(x))$$
一般に，次が成立する：
$$\frac{1}{(D-\alpha)^m}f(x) = e^{\alpha x}\frac{1}{D^m}(e^{-\alpha x}f(x))$$
したがって，微分方程式 $(*)$ の解は，
$$y = \frac{1}{(D-\alpha)^m}0 = e^{\alpha x}\frac{1}{D^m}\cdot 0$$
$$= e^{\alpha x}(C_1 x^{m-1} + C_2 x^{m-2} + \cdots + C_{m-1}x + C_m)$$

◀定数関数 0 を m 回積分すると $m-1$ 次関数

さて，もとの同次方程式Ⓐにもどろう．$i = 1, 2, \cdots, r$ に対して，
$$\text{各}(D - a_i)^{m_i} y = 0 \text{ の解は，} y_i = e^{a_i} \times (m_i - 1 \text{次関数})$$
これら r 個の関数 $y_1, y_2, \cdots, y_r$ は，明らかに一次独立で，すべてⒶの解だから，これらの総和もⒶの解である（重ね合わせの原理）：
$$y = y_1 + y_2 + \cdots + y_r \qquad \cdots\cdots\cdots\cdots\cdots\cdots ①$$
また，右辺は，ちょうど $m_1 + m_2 + \cdots + m_r = n$ 個の任意定数を含むから（各 y_i の多項式部分の係数が任意定数），①はⒶの**一般解**である．

例　$(D-3)^2 (D-4)^3 y = 0$ の一般解は，
$$y = e^{3x}(A_1 x + A_2) + e^{4x}(B_1 x^2 + B_2 x + B_3) \qquad \square$$

部分分数分解

逆演算子の扱いは "複雑な形 $\Longrightarrow$ 簡単な形" が基本である．たとえば，
$$\frac{1}{(D-\alpha)(D-\beta)} = \frac{1}{\alpha - \beta}\left(\frac{1}{D-\alpha} - \frac{1}{D-\beta}\right)$$
のように，**部分分数に分解**するのも一つの有力な技法である．

[例]　$y'' - 8y' + 15y = e^{4x}$ を解け．

解　$\qquad (D^2 - 8D + 15) y = (D-5)(D-3) y = e^{4x}$

ゆえに，
$$\begin{aligned}
y &= \frac{1}{(D-5)(D-3)} e^{4x} \\
&= \frac{1}{2}\left(\frac{1}{D-5} - \frac{1}{D-3}\right) e^{4x} \\
&= \frac{1}{2}\left(\frac{1}{D-5} e^{4x} - \frac{1}{D-3} e^{4x}\right) \\
&= \frac{1}{2}\left(e^{5x} \int e^{-5x} e^{4x} dx - e^{3x} \int e^{-3x} e^{4x} dx\right) \\
&= \frac{1}{2}\left(e^{5x}(-e^{-x} + C_1) - e^{3x}(e^x + C_2)\right) \\
&= \frac{1}{2} C_1 e^{5x} - \frac{1}{2} C_2 e^{3x} - e^{4x}
\end{aligned}$$

したがって，求める一般解は，
$$y = A e^{5x} + B e^{3x} - e^{4x} \qquad \square$$

━━━ 例題 10.1 ━━━━━━━━━━━━━━━━━━━━━━━━━ 逆演算子 ━━━

次の微分方程式を解け：
$$y'' - 5y' + 6y = 36x$$

【解】 $(D^2 - 5D + 6)y = 36x$ ∴ $(D-3)(D-2)y = 36x$

ゆえに，

$$y = \frac{1}{(D-3)(D-2)} 36x = \left(\frac{1}{D-3} - \frac{1}{D-2}\right) 36x \quad \blacktriangleleft 部分分数分解$$

$$= \frac{1}{D-3} 36x - \frac{1}{D-2} 36x$$

$$= e^{3x} \int e^{-3x} \cdot 36x \, dx - e^{2x} \int e^{-2x} \cdot 36x \, dx$$

$$= e^{3x}(4(-3x-1)e^{-3x} + C_1)$$
$$\quad - e^{2x}(9(-2x-1)e^{-2x} + C_2)$$

$$= C_1 e^{3x} - C_2 e^{2x} + 6x + 5$$

$$\boxed{\int x e^{ax} dx = \frac{1}{a}\left(x - \frac{1}{a}\right)e^{ax}}$$

したがって，求める一般解は，

$$y = A e^{3x} + B e^{2x} + 6x + 5 \qquad \square$$

━━━━━━━━━ 演習問題 ━━━━━━━━━

10.1 次の式を計算せよ．

(1) $\dfrac{1}{(D+3)(D+4)} e^{-3x}$

(2) $\dfrac{1}{D^2 + 3D + 2} \dfrac{1}{1+e^x}$

10.2 次の同次線形微分方程式の一般解を書き下せ．

(1) $(D-2)(D+5)y = 0$

(2) $(D-3)^2 (D-4)^5 (D-5)^3 y = 0$

10.3 演算子を用いて，次の微分方程式を解け．

(1) $y'' - 3y' + 2y = 2x + 1$

(2) $y'' - 3y' + 2y = xe^x$

§11 演算子と線形微分方程式
━━━━━━━━━━━━━━━━━演算子解法の偉力を知ろう━━━━━━

特殊解の求め方

非同次線形微分方程式
$$P(D)y = (a_0 D^n + a_1 D^{n-1} + \cdots + a_{n-1} D + a_n)y = Q(x)$$
の一般解は，

$$\left.\begin{array}{l} \text{同 次方程式 } P(D)y = 0 \text{ の一般解} \\ \text{非同次方程式 } P(D)y = Q(x) \text{ の特殊解} \end{array}\right\} \text{の和}$$

であった．

同次方程式については，§10 で述べたので，ここでは，非同次方程式の一つの特殊解の求め方を扱う．

非同次項 $Q(x)$ の形によって分類して考える．

Ⅰ．$Q(x)$ が，指数関数 e^{ax} の場合：
$$De^{ax} = ae^{ax}, \quad D^2 e^{ax} = a^2 e^{ax}$$
だから，
$$(aD^2 + bD + c)e^{ax} = aD^2 e^{ax} + bDe^{ax} + ce^{ax}$$
$$= aa^2 e^{ax} + bae^{ax} + ce^{ax}$$
したがって，
$$(aD^2 + bD + c)e^{ax} = (aa^2 + ba + c)e^{ax}$$
同様に，一般に D の多項式 $P(D)$ に対して，次が成立する：
$$P(D)e^{ax} = P(a)e^{ax}$$
$$P(D)\left(\frac{1}{P(a)}e^{ax}\right) = e^{ax} \quad (P(a) \neq 0 \text{ のとき})$$

逆演算子の公式として記せば，

━━━●ポイント━━━━━━━━━━━━━━指数代入定理━━

$$\frac{1}{P(D)}e^{ax} = \frac{1}{P(a)}e^{ax}$$

この定理の有難さは，次の例によっても実感される：

例 $2y'' + y' - 6y = e^{-3x}$ の一つの特殊解は，

$$y = \frac{1}{2D^2 + D - 6} e^{-3x} = \frac{1}{2 \cdot (-3)^2 + (-3) - 6} e^{-3x} = \frac{1}{9} e^{-3x} \qquad \square$$

▶**注** $P(\alpha) = 0$ のときは，

$$P(D) = (D - \alpha)^m P_0(D), \quad P_0(\alpha) \neq 0 \quad \text{に対して，}$$

$$\frac{1}{(D-\alpha)^m} \frac{1}{P_0(D)} e^{\alpha x} = \frac{1}{P_0(\alpha)} \frac{1}{(D-\alpha)^m} e^{\alpha x}$$

$$= \frac{e^{\alpha x}}{P_0(\alpha)} \frac{1}{D^m} (e^{-\alpha x} e^{\alpha x}) = \frac{e^{\alpha x}}{P_0(\alpha)} \frac{x^m}{m!}$$

例 $\dfrac{1}{(D-3)(D-2)} e^{3x} = \dfrac{1}{3-2} \dfrac{1}{D-3} e^{3x}$

$$= e^{3x} \int e^{-3x} e^{3x} dx = e^{3x} \cdot x \qquad \square$$

Ⅱ．$Q(x)$ が，三角関数の場合：

例 $\dfrac{1}{D+2} \cos 3x$

$= e^{-2x} \int e^{2x} \cos 3x \, dx$

$= e^{-2x} \dfrac{e^{2x}}{2^2 + 3^2} (2 \cos 3x + 3 \sin 3x)$

$= \dfrac{1}{13} (2 \cos 3x + 3 \sin 3x) \qquad \square$

$$\boxed{\frac{1}{D-\alpha} f(x) = e^{\alpha x} \int e^{-\alpha x} f(x) \, dx}$$

▶**注** 次の公式が，しばしば用いられる：

$$\int e^{\alpha x} \cos \beta x \, dx = \frac{e^{\alpha x}}{\alpha^2 + \beta^2} (\alpha \cos \beta x + \beta \sin \beta x)$$

$$\int e^{\alpha x} \sin \beta x \, dx = \frac{e^{\alpha x}}{\alpha^2 + \beta^2} (\alpha \sin \beta x - \beta \cos \beta x)$$

$Q(x)$ が三角関数のとき，**cos・sin** を**ペアにして，指数関数として扱う**と，見通しがよくなり，スッキリする．この方法を読者諸君に**勧めたい**．パーティーもペアで出席するのが浮世の習慣というものか．

$\dfrac{1}{D+2} \cos 3x + i \dfrac{1}{D+2} \sin 3x$

$= \dfrac{1}{D+2} (\cos 3x + i \sin 3x)$

$$\boxed{\begin{array}{c} \text{オイラーの公式} \\ e^{i\theta} = \cos + i \sin \theta \end{array}}$$

$$= \frac{1}{D+2} e^{3ix}$$

$$= \frac{1}{3i+2} e^{3ix}$$

$$= \frac{2-3i}{13} (\cos 3x + i \sin 3x)$$

$$= \frac{1}{13} (2\cos 3x + 3\sin 3x) + \frac{i}{13} (2\sin 3x - 3\cos 3x)$$

◀ 指数関数になったので，指数代入定理の活用！

実数部を比べると，

$$\frac{1}{D+2} \cos 3x = \frac{1}{13} (2\cos 3x + 3\sin 3x)$$

Ⅲ．$Q(x)$ が，x の n 次関数の場合：

無限等比級数の和の公式

$$\frac{1}{1-r} = 1 + r + r^2 + r^3 + \cdots\cdots$$

にならって，逆演算子も，

$$\frac{1}{1-D} = 1 + D + D^2 + D^3 + \cdots\cdots$$

さらに，

$$\frac{1}{D-\alpha} = -\frac{1}{\alpha} \frac{1}{1-\dfrac{D}{\alpha}} = -\frac{1}{\alpha} \left(1 + \frac{D}{\alpha} + \frac{D^2}{\alpha^2} + \cdots\cdots \right)$$

のようにベキ級数に展開し，これを利用する方法がある．

例　$\dfrac{1}{D-2} (x^2 - 3x + 4)$

$$= -\frac{1}{2} \left(1 + \frac{D}{2} + \frac{D^2}{4} + \cdots \right) (x^2 - 3x + 4)$$

$$= -\frac{1}{2} \left((x^2 - 3x + 4) + \frac{1}{2} D(x^2 - 3x + 4) + \frac{1}{4} D^2 (x^2 - 3x + 4) + \cdots \right)$$

$$= -\frac{1}{2} \left((x^2 - 3x + 4) + \frac{1}{2} (2x - 3) + \frac{1}{4} \times 2 + 0 + \cdots \right)$$

$$= -\frac{1}{2} (x^2 - 2x + 3) \hspace{4em} \square$$

それでは，次の例題を見ていただきたい．

━━━ 例題 11.1 ━━━━━━━━━━━━━━━━━━━━━━━━ n 次関数の原関数 ━━━

$\dfrac{1}{D^2+3D+2} x^2$ を計算せよ.

いろいろな方法で解いてみる.

【解・1】 $\dfrac{1}{D^2+3D+2} = \dfrac{1}{(D+1)(D+2)} = \dfrac{1}{D+1} - \dfrac{1}{D+2}$

となる.

$$\dfrac{1}{D+1}x^2 = (1-D+D^2-\cdots)x^2 = x^2-2x+2$$

$$\dfrac{1}{D+2}x^2 = \dfrac{1}{2}\left(1-\dfrac{D}{2}+\dfrac{D^2}{4}-\cdots\right)x^2 = \dfrac{1}{2}x^2-\dfrac{1}{2}x+\dfrac{1}{4}$$

したがって,

$$\dfrac{1}{D^2+3D+2}x^2 = \dfrac{1}{D+1}x^2 - \dfrac{1}{D+2}x^2$$

$$= (x^2-2x+2)-\left(\dfrac{1}{2}x^2-\dfrac{1}{2}x+\dfrac{1}{4}\right)$$

$$= \dfrac{1}{2}x^2-\dfrac{3}{2}x+\dfrac{7}{4}$$

【解・2】 $\dfrac{1}{D+2}x^2 = \dfrac{1}{2}x^2-\dfrac{1}{2}x+\dfrac{1}{4}$ だから,

$$\dfrac{1}{D^2+3D+2}x^2 = \dfrac{1}{D+1}\left(\dfrac{1}{D+2}x^2\right) = \dfrac{1}{D+1}\left(\dfrac{x^2}{2}-\dfrac{x}{2}+\dfrac{1}{4}\right)$$

$$= (1-D+D^2-\cdots)\left(\dfrac{x^2}{2}-\dfrac{x}{2}+\dfrac{1}{4}\right)$$

$$= \left(\dfrac{x^2}{2}-\dfrac{x}{2}+\dfrac{1}{4}\right) - D\left(\dfrac{x^2}{2}-\dfrac{x}{2}+\dfrac{1}{4}\right) + D^2\left(\dfrac{x^2}{2}-\dfrac{x}{2}+\dfrac{1}{4}\right)$$

$$= \left(\dfrac{x^2}{2}-\dfrac{x}{2}+\dfrac{1}{4}\right) - \left(x-\dfrac{1}{2}\right)+1 = \dfrac{1}{2}x^2-\dfrac{3}{2}x+\dfrac{7}{4}$$

【解・3】 $(D-a)^{-1}$ の公式を用いる.

$$\dfrac{1}{D+1}x^2 = e^{-x}\int e^x x^2 dx$$

$$= e^{-x}\cdot e^x(x^2-2x+2)$$

$$= x^2-2x+2$$

$$\boxed{\dfrac{1}{D-a}f(x) = e^{ax}\int e^{-ax}f(x)\,dx}$$

$$\frac{1}{D+2}x^2 = e^{-2x}\int e^{2x}x^2\,dx$$
$$= e^{-2x}\cdot\frac{1}{2}\Big(x^2 - \frac{2}{2}x + \frac{2}{2^2}\Big)e^{2x}$$
$$= \frac{1}{2}x^2 - \frac{1}{2}x + \frac{1}{4}$$

したがって，
$$\frac{1}{D^2+3D+2}x^2 = \frac{1}{D+1}x^2 - \frac{1}{D+2}x^2 = \frac{1}{2}x^2 - \frac{3}{2}x + \frac{7}{4} \qquad \square$$

▶**注** 次の公式が，しばしば用いられる：
$$\int x\,e^{ax}\,dx = \frac{1}{a}\Big(x - \frac{1}{a}\Big)e^{ax}$$
$$\int x^2 e^{ax}\,dx = \frac{1}{a}\Big(x^2 - \frac{2}{a}x + \frac{2}{a^2}\Big)e^{ax}$$
$$\int x^3 e^{ax}\,dx = \frac{1}{a}\Big(x^3 - \frac{3}{a}x^2 + \frac{6}{a^2}x - \frac{6}{a^3}\Big)e^{ax}$$

▶**注意** Dのベキ級数を利用する "形式的な" この方法は，級数が有限項で終る**多項式関数だけ**に用いよ．軽卒利用は思わぬミスを生む．たとえば，
$$\frac{1}{1-D}e^x = (1 + D + D^2 + \cdots)e^x = e^x + e^x + e^x + \cdots$$

特殊解の求め方（続）

特殊解の計算で，非同次項$Q(x)$の分類を続ける．

IV. $Q(x)$ が，$e^{ax}f(x)$（e^{ax} と $f(x)$ の積）の場合：
$$D(e^{ax}f(x)) = e^{ax}Df(x) + ae^{ax}f(x)$$
$$= e^{ax}(D+a)f(x)$$
$$D^2(e^{ax}f(x)) = D(e^{ax}(D+a)f(x))$$
$$= e^{ax}(D+a)(D+a)f(x)$$
$$= e^{ax}(D+a)^2 f(x)$$

したがって，
$$aD^2(e^{ax}f(x)) = ae^{ax}(D+a)^2 f(x)$$
$$bD(e^{ax}f(x)) = be^{ax}(D+a)f(x)$$
$$c\,e^{ax}f(x) = c\,e^{ax}f(x)$$

これら三つの式を加えると，
$$(aD^2+bD+c)e^{\alpha x}f(x) = e^{\alpha x}(a(D+\alpha)^2+b(D+\alpha)+c)f(x)$$
同様に，一般に D の多項式 $P(D)$ に対して，次が成立する：
$$P(D)(e^{\alpha x}f(x)) = e^{\alpha x}P(D+\alpha)f(x)$$
この結果を，逆演算子の公式として表現したい．

この式の $f(x)$ の代わりに，$\dfrac{1}{P(D+\alpha)}f(x)$ とおけば，
$$P(D)\left(e^{\alpha x}\dfrac{1}{P(D+\alpha)}f(x)\right) = e^{\alpha x}f(x)$$
したがって，次の公式が得られる：

●ポイント ──────────────────── **指数通過定理** ──
$$\dfrac{1}{P(D)}e^{\alpha x}f(x) = e^{\alpha x}\dfrac{1}{P(D+\alpha)}f(x)$$

▶注 $\dfrac{1}{P(D)}e^{\alpha x}f(x)$ の指数部分 $e^{\alpha x}$ が，右から自動改札 $\dfrac{1}{P(D)}$ を通過して左へ出るとき，$e^{\alpha x}$ の指数 αx の α を料金として支払ったので，$\dfrac{1}{P(D)}$ が $\dfrac{1}{P(D+\alpha)}$ になったのだと考えて，**指数通過定理**とよんだ．

例 $\dfrac{1}{D-4}x^2 e^{3x} = e^{3x}\dfrac{1}{(D+3)-4}x^2 = e^{3x}\dfrac{1}{D-1}x^2$
$\qquad = e^{3x}(-1-D-D^2)x^2$
$\qquad = -e^{3x}(x^2+2x+2)$ □

例 $\dfrac{1}{D^2-D-2}xe^{2x} = e^{2x}\dfrac{1}{(D+2)^2-(D+2)-2}x$
$\qquad = e^{2x}\dfrac{1}{D}\dfrac{1}{D+3}x = e^{2x}\dfrac{1}{D}\dfrac{1}{3}\dfrac{1}{1+\dfrac{D}{3}}x$
$\qquad = e^{2x}\dfrac{1}{D}\dfrac{1}{3}\left(1-\dfrac{D}{3}+\left(\dfrac{D}{3}\right)^2+\cdots\right)x$
$\qquad = e^{2x}\dfrac{1}{D}\left(\dfrac{1}{3}x-\dfrac{1}{9}\right)$
$\qquad = e^{2x}\left(\dfrac{1}{6}x^2-\dfrac{1}{9}x\right)$ □

例題 11.2 ━━━━━━━━━━━━━━━━━━ 特殊解の計算 ━

次の微分方程式の（一つの）特殊解を求めよ：

（1） $y'' - 3y' + 2y = e^{3x}\sin x$

（2） $y' - y = x\cos x$

【解】（1） $(D^2 - 3D + 2)y = e^{3x}\cos x + ie^{3x}\sin x$

$$(D-2)(D-1)y = e^{(3+i)x}$$

の解の虚数部を求める．

$$y = \frac{1}{(D-2)(D-1)}e^{(3+i)x}$$

$$= \frac{1}{(3+i-2)(3+i-1)}e^{(3+i)x}$$

$$= \frac{1}{1+3i}e^{3x}e^{ix}$$

$$= \frac{1}{10}(1-3i)e^{3x}(\cos x + i\sin x)$$

$$= \frac{1}{10}e^{3x}\{(\cos x + 3\sin x) + i(\sin x - 3\cos x)\}$$

$$\boxed{\frac{1}{P(D)}e^{ax} = \frac{1}{P(a)}e^{ax}}$$

よって，求める（一つの）特殊解は，

$$y = \frac{1}{10}e^{3x}(\sin x - 3\cos x)$$

（2） $(D-1)y = x\cos x + ix\sin x = xe^{ix}$

の解の実数部を求める．

$$y = \frac{1}{D-1}xe^{ix}$$

$$= e^{ix}\frac{1}{D+i-1}x$$

$$= e^{ix}\frac{1}{D-(1-i)}x$$

$$= -\frac{1}{1-i}e^{ix}\frac{1}{1-\dfrac{D}{1-i}}x$$

$$= -\frac{1}{1-i}e^{ix}\left(1 + \frac{D}{1-i} + \cdots\right)x$$

$$\boxed{\begin{aligned}&\frac{1}{P(D)}e^{ax}f(x)\\ &= e^{ax}\frac{1}{P(D+a)}f(x)\end{aligned}}$$

$$= -\frac{1}{1-i}e^{ix}\left(x + \frac{1}{1-i}\right)$$

$$= -\frac{1+i}{2}(\cos x + i\sin x)\frac{(2x+1)+i}{2}$$

$$= \frac{1}{2}\{((x+1)\sin x - x\cos x) - i((x+1)\cos x + x\sin x)\}$$

ゆえに，求める(一つの)特殊解は，

$$y = \frac{1}{2}((x+1)\sin x - x\cos x)) \qquad \square$$

|||||||||||||||| 演習問題 ||||||||||||||||||||||||||||||||||||||||||||||||||||||||||||||||||||||||||||||||||

11.1 次の計算をせよ．

(1) $\dfrac{1}{D^2+3D+5}e^{-2x}$ (2) $\dfrac{1}{D^2+2D+8}\sin 2x$

(3) $\dfrac{1}{D+2}x^3$ (4) $\dfrac{1}{D^2-D-2}(x^2-2x-3)$

11.2 次の微分方程式の(一つの)特殊解を求めよ．

(1) $y' - 3y = x^2$

(2) $y'' - 3y' + 2y = 2x^2$

(3) $y'' - 3y' + 2y = x^2 e^x$

(4) $y'' - 3y' + 2y = \sin x$

(5) $y'' - 3y' + 2y = e^{2x}\cos x$

(6) $y' - y = xe^x \sin x$

11.3 (1) 次の等式を示せ．ただし，$P(-\alpha^2) \neq 0$．

$$\frac{1}{P(D^2)}\cos(\alpha x + \beta) = \frac{1}{P(-\alpha^2)}\cos(\alpha x + \beta)$$

$$\frac{1}{P(D^2)}\sin(\alpha x + \beta) = \frac{1}{P(-\alpha^2)}\sin(\alpha x + \beta)$$

(2) $\dfrac{1}{D^4+2D^2+3}\cos(2x+1)$ を計算せよ．

Chapter 3 級数解・近似解

　求積法で厳密解が得られる微分方程式は，ごく少数の形のものに限られる．

　級数解・近似解は，求積法が苦手とする（しかし応用上必須な）**非線形の微分方程式にも有効**で，必要に応じて**十分な精度の近似解**を求めることができる．

　応用上大切な数値解法については，スペースの関係で，§13の演習問題に1題だけ入れるにとどめた．

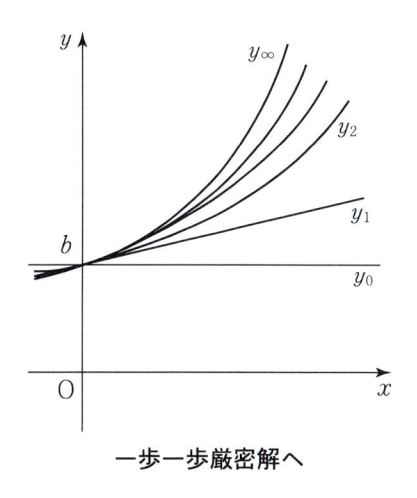

一歩一歩厳密解へ

§12　級数解　……………… 92
§13　近似解　……………… 100

§12 級数解
━━━━━━━━━━━━━━━━━ 求積法で解けない微分方程式にも有効

ベキ級数

級数解というのは，ベキ級数の形で表わされた解のことである．

まず準備として，ベキ級数の基本事項を述べるのであるが，その前に，一般の級数についてふれておく．

いま，数列 $a_0, a_1, a_2, \cdots, a_n, \cdots$ に対して，次の形を**級数**という：
$$a_0 + a_1 + a_2 + \cdots + a_n + \cdots\cdots \qquad (*)$$

この級数の部分和の数列
$$a_0, \ a_0 + a_1, \ a_0 + a_1 + a_2, \ \cdots\cdots$$
が一定値 S に収束するとき，級数 $(*)$ は**収束**するといい，S をその**和**という（収束の否定は**発散**）．また，級数 $(*)$ の各項の絶対値をとった級数
$$|a_0| + |a_1| + |a_2| + \cdots + |a_n| + \cdots\cdots$$
が収束するとき，級数 $(*)$ は**絶対収束**するという．大切な性質として，

1° 絶対収束 $\Longrightarrow$ 収束 　（逆は成立しない）

2° 絶対収束する級数は，項の順序をどのように変更しても，絶対収束し，その和は，もとの級数の和に等しい．

さて，次の形の級数を，**点 a のまわりのベキ級数**とよぶ：
$$a_0 + a_1(x-a) + a_2(x-a)^2 + \cdots + a_n(x-a)^n + \cdots\cdots$$
ところで，この級数で，$u = x - a$ とおけば，点 0 のまわりのベキ級数
$$a_0 + a_1 u + a_2 u^2 + \cdots + a_n u^n + \cdots\cdots$$
が得られるから，簡単のため，主として，点 0 のまわりのベキ級数について述べることにする．

よく知られているように，無限等比級数
$$1 + x + x^2 + \cdots + x^n + \cdots\cdots$$
について，
$$収束 \iff -1 < x < 1$$
であるが，このように，ベキ級数が収束するような x の範囲のことを，ベキ

級数の**収束域**という．

一般のベキ級数
$$a_0 + a_1(x-a) + a_2(x-a)^2 + \cdots + a_n(x-a)^n + \cdots\cdots$$
について，次のような r_0 が存在することが知られている：
$$a - r_0 < x < a + r_0 \iff 絶対収束$$
この r_0 を，ベキ級数の**収束半径**とよび，次の極限値で与えられる：
$$r_0 = \lim_{n \to \infty} \left| \frac{a_n}{a_{n+1}} \right|$$
ただし，$r_0 = 0$, $r_0 = +\infty$ のこともある．なお，$x = a - r_0$, $x = a + r_0$ の場合，ベキ級数は収束することも，発散することもある．

[例] 次のベキ級数の収束域を求めよ．

(1) $A(x) = 1 + \frac{1}{1!}x + \frac{1}{2!}x^2 + \frac{1}{3!}x^3 + \cdots\cdots$

(2) $B(x) = x - \frac{1}{2}x^2 + \frac{1}{3}x^3 - \frac{1}{4}x^4 + \cdots\cdots$

(3) $C(x) = 1 + 1!x + 2!x^2 + 3!x^3 + \cdots\cdots$

解 (1) $\left|\frac{a_n}{a_{n+1}}\right| = \frac{1/n!}{1/(n+1)!} = n+1 \to +\infty$ ∴ $r_0 = +\infty$

ゆえに，収束域は，$-\infty < x < +\infty$．（すべての実数 x に対して収束）

(2) $\left|\frac{a_n}{a_{n+1}}\right| = \frac{1/n}{1/(n+1)} = \frac{n+1}{n} \to 1$ ∴ $r_0 = 1$

また，$x = 1$, $x = -1$ の場合，それぞれ，

$$1 - \frac{1}{2} + \frac{1}{3} - \frac{1}{4} + \cdots : 収束 \qquad -1 - \frac{1}{2} - \frac{1}{3} - \frac{1}{4} - \cdots : 発散$$

ゆえに，収束域は，$-1 < x \leqq 1$．

(3) $\left|\frac{a_n}{a_{n+1}}\right| = \frac{n!}{(n+1)!} = \frac{1}{n+1} \to 0$ ∴ $r_0 = 0$

ゆえに，収束域は，$x = 0$．（0以外の実数 x に対して発散） □

さて，区間 I で定義された関数 $f(x)$ が，点 a の近くで，収束半径 > 0 のベキ級数によって，次のようにかけたとする：
$$f(x) = a_0 + a_1(x-a) + a_2(x-a)^2 + a_3(x-a)^3 + \cdots\cdots$$

このとき，**ベキ級数展開可能**（または点 a で**解析的**である）という．

微分方程式の級数解を考えるとき，二つのベキ級数の和や積を作ったり，微分することが必要になる．このとき，次の性質が基本的である：

$$f(x) = a_0 + a_1 x + a_2 x^2 + \cdots \qquad (-r_0 < x < r_0)$$
$$g(x) = b_0 + b_1 x + b_2 x^2 + \cdots \qquad (-r_0 < x < r_0)$$

このとき，区間 $-r_0 < x < r_0$ では，ベキ級数を**あたかも多項式のように**計算することができる：

$$f(x) = g(x) \iff a_0 = b_0, \ a_1 = b_1, \ a_2 = b_2, \ \cdots\cdots$$
$$f(x) + g(x) = (a_0 + b_0) + (a_1 + b_1)x + (a_2 + b_2)x^2 + \cdots\cdots$$
$$f(x)g(x) = a_0 b_0 + (a_1 b_0 + a_0 b_1)x + (a_2 b_0 + a_1 b_1 + a_0 b_2)x^2 + \cdots$$
$$\cdots + (a_n b_0 + a_{n-1} b_1 + \cdots + a_0 b_n)x^n + \cdots\cdots$$

さらに，導関数について，いわゆる**項別微分**が可能である：

$$f'(x) = a_1 + 2a_2 x + 3a_3 x^2 + 4a_4 x^3 + 5a_5 x^4 + \cdots\cdots$$
$$f''(x) = 2a_2 + 2 \cdot 3 a_3 x + 3 \cdot 4 a_4 x^2 + 4 \cdot 5 a_5 x^3 + \cdots\cdots$$
$$f'''(x) = 2 \cdot 3 a_3 + 2 \cdot 3 \cdot 4 a_4 x + 3 \cdot 4 \cdot 5 a_5 x^2 + \cdots\cdots$$
$$\vdots$$

テイラー級数

$$f(x) = a_0 + a_1(x-a) + a_2(x-a)^2 + a_3(x-a)^3 + \cdots\cdots$$

この両辺を x で次々に微分すると，

$$f'(x) = a_1 + 2a_2(x-a) + 3a_3(x-a)^2 + \cdots\cdots$$
$$f''(x) = 2a_2 + 2 \cdot 3 a_3(x-a) + 3 \cdot 4 a_4(x-a)^2 + \cdots\cdots$$
$$f'''(x) = 2 \cdot 3 a_3 + 2 \cdot 3 \cdot 4 a_4(x-a) + 3 \cdot 4 \cdot 5 a_5(x-a)^2 + \cdots\cdots$$
$$\vdots$$

これらすべての等式で，$x = a$ とおけば，

$$f(a) = a_0, \ f'(a) = a_1, \ f''(a) = 2a_2, \ f'''(a) = 2 \cdot 3 a_3, \ \cdots\cdots$$

したがって，

$$a_0 = f(a), \ a_1 = \frac{f'(a)}{1!}, \ a_2 = \frac{f''(a)}{2!}, \ a_3 = \frac{f'''(a)}{3!}, \ \cdots\cdots$$

これから，次の大切な結果が得られる：

---●ポイント--------------------テイラー級数---
$$f(x) = f(a) + \frac{f'(a)}{1!}(x-a) + \frac{f''(a)}{2!}(x-a)^2 + \cdots\cdots$$

例 有名な例を挙げておく．

$$e^x = 1 + \frac{1}{1!}x + \frac{1}{2!}x^2 + \frac{1}{3!}x^3 + \cdots \quad (-\infty < x < +\infty)$$

$$\cos x = 1 - \frac{1}{2!}x^2 + \frac{1}{4!}x^4 - \frac{1}{6!}x^6 + \cdots \quad (-\infty < x < +\infty)$$

$$\sin x = x - \frac{1}{3!}x^3 + \frac{1}{5!}x^5 - \frac{1}{7!}x^7 + \cdots \quad (-\infty < x < +\infty)$$

$$\log(1+x) = x - \frac{1}{2}x^2 + \frac{1}{3}x^3 - \frac{1}{4}x^4 + \cdots \quad (-1 < x \leqq 1)$$

ベキ級数解

それでは，級数解法の具体例を示そう．

例
$$y' + y = 2x + 3 \quad \cdots\cdots\cdots\cdots\cdots Ⓐ$$

の（点0のまわりの）級数解を，

$$y = a_0 + a_1 x + a_2 x^2 + a_3 x^3 + \cdots\cdots$$

とおけば，

$$y' = a_1 + 2a_2 x + 3a_3 x^2 + 4a_4 x^3 + \cdots\cdots$$

これらを，与えられた微分方程式Ⓐへ代入すると，

$$(a_1 + 2a_2 x + 3a_3 x^2 + \cdots) + (a_0 + a_1 x + a_2 x^2 + \cdots) = 2x + 3$$

$$\therefore \quad (a_1 + a_0) + (2a_2 + a_1)x + (3a_3 + a_2)x^2 + \cdots = 3 + 2x$$

両辺の各項の係数を比較して，

$$\begin{cases} a_1 + a_0 = 3 \\ 2a_2 + a_1 = 2 \\ 3a_3 + a_2 = 0 \\ 4a_4 + a_3 = 0 \\ \quad\vdots \end{cases}$$

一番上の等式から，順次，

$$a_1 = 3 - a_0$$

$$a_2 = \frac{2-a_1}{2} = \frac{2-(3-a_0)}{2} = \frac{a_0-1}{2}$$

$$a_3 = -\frac{1}{3}a_2 = -\frac{1}{3}\frac{a_0-1}{2} = -\frac{a_0-1}{3\cdot 2}$$

$$a_4 = -\frac{1}{4}a_3 = -\frac{1}{4}\cdot\left(-\frac{a_0-1}{3\cdot 2}\right) = \frac{a_0-1}{4\cdot 3\cdot 2}$$

$$\vdots$$

$$a_n = -\frac{1}{n}a_{n-1} = (-1)^n\frac{a_0-1}{n(n-1)\cdots 3\cdot 2} = (-1)^n\frac{a_0-1}{n!}$$

$$\vdots$$

したがって，

$$y = a_0 + (3-a_0)x + \frac{a_0-1}{2!}x^2 - \frac{a_0-1}{3!}x^3 + \cdots\cdots$$

$$= (a_0-1)\left(1 - \frac{x}{1!} + \frac{x^2}{2!} - \frac{x^3}{3!} + \cdots\right) + 1 + 2x$$

$$= (a_0-1)e^{-x} + 1 + 2x$$

ここで，a_0-1 をあらためて C とおいて，求める一般解は，

$$y = Ce^{-x} + 1 + 2x \qquad \square$$

▶注 本問は，幸いにもこのように解を既知の関数で表わすことができたけれども，一般には，**ベキ級数の形で解とする**．

また，ベキ級数の一般項を求めることが難しいときは，はじめの数項まで求めて，近似解とすることもある．

例 $$y'' + xy' + y = 0$$

の点 0 のまわりのベキ級数解を求めよう．

$$y = a_0 + a_1 x + a_2 x^2 + a_3 x^3 + \cdots\cdots$$

$$y' = a_1 + 2a_2 x + 3a_3 x^2 + 4a_4 x^3 + \cdots\cdots$$

$$y'' = 2a_2 + 2\cdot 3a_3 x + 3\cdot 4a_4 x^2 + 4\cdot 5a_5 x^3 + \cdots\cdots$$

このとき，

$$y'' = 2a_2 + 2\cdot 3a_3 x + 3\cdot 4a_4 x^2 + 4\cdot 5a_5 x^3 + \cdots\cdots$$

$$xy' = \qquad\quad a_1 x + 2a_2 x^2 + 3a_3 x^3 + \cdots\cdots$$

$$y = a_0 + a_1 x + a_2 x^2 + a_3 x^3 + \cdots\cdots$$

辺ごとに加えると，$y'' + xy' + y = 0$ より，

$$(2a_2 + a_0) + (2\cdot 3a_3 + 2a_1)x + (3\cdot 4a_4 + 3a_2)x^2 + \cdots$$
$$\cdots + ((n+1)(n+2)a_{n+2} + (n+1)a_n)x^n + \cdots = 0$$

したがって，左辺の各項の係数 $= 0$ とおいて，

$$\begin{cases} 2a_2 + a_0 = 0 \\ 2(3a_3 + a_1) = 0 \\ 3(4a_4 + a_2) = 0 \\ 4(5a_5 + a_3) = 0 \\ \vdots \end{cases} \therefore \begin{cases} 2a_2 + a_0 = 0 \\ 3a_3 + a_1 = 0 \\ 4a_4 + a_2 = 0 \\ 5a_5 + a_3 = 0 \\ \vdots \end{cases}$$

これらの等式から，

$$\begin{cases} a_2 = -\dfrac{a_0}{2} \\ a_4 = -\dfrac{a_2}{4} = \dfrac{a_0}{2\cdot 4} \\ a_6 = -\dfrac{a_4}{6} = -\dfrac{a_0}{2\cdot 4\cdot 6} \\ \vdots \end{cases} \begin{cases} a_3 = -\dfrac{a_1}{3} \\ a_5 = -\dfrac{a_3}{5} = \dfrac{a_1}{3\cdot 5} \\ a_7 = -\dfrac{a_5}{7} = -\dfrac{a_1}{3\cdot 5\cdot 7} \\ \vdots \end{cases}$$

したがって，

$$\begin{aligned} y &= a_0 + a_1 x + a_2 x^2 + a_3 x^3 + a_4 x^4 + \cdots \\ &= (a_0 + a_2 x^2 + a_4 x^4 + \cdots) + (a_1 x + a_3 x^3 + a_5 x^5 + \cdots) \\ &= a_0 \Big(1 - \frac{x^2}{2} + \frac{x^4}{2\cdot 4} - \frac{x^6}{2\cdot 4\cdot 6} + \cdots + \frac{(-1)^n x^{2n}}{2\cdot 4\cdots (2n)} + \cdots \Big) \\ &\quad + a_1 \Big(x - \frac{x^3}{3} + \frac{x^5}{3\cdot 5} - \frac{x^7}{3\cdot 5\cdot 7} + \cdots + \frac{(-1)^{n+1} x^{2n+1}}{3\cdot 5\cdots (2n+1)} + \cdots \Big) \end{aligned}$$

これが，求める級数解である． □

▶注　この解の二つの級数

$$y_0 = \sum_{n=0}^{\infty} \frac{(-1)^n x^{2n}}{2\cdot 4\cdots (2n)} = e^{-\frac{x^2}{2}}, \qquad y_1 = \sum_{n=0}^{\infty} \frac{(-1)^{n+1} x^{2n+1}}{3\cdot 5\cdots (2n+1)}$$

で，$y(0) = a_0 = C_0$，$y'(0) = a_1 = C_1$ とおけば，一般解は，

$$y = C_0 y_0 + C_1 y_1$$

とかける．y_0, y_1 の一次独立性は自明であろう．

━━━ 例題 12.1 ━━━━━━━━━━━━━━━━━━━━━━━━━━━ ベキ級数解 ━━━

次の初期値問題の点 0 のまわりのベキ級数解を，x^3 の項まで求めよ：
$$y' = x + y^2, \quad y(0) = 1$$

【解・1】 $y = a_0 + a_1 x + a_2 x^2 + a_3 x^3 + \cdots\cdots$

とおくと，$y(0) = 1$ より，$a_0 = 1$．

$$y' = a_1 + 2a_2 x + 3a_3 x^2 + \cdots\cdots$$

$$\begin{aligned} x + y^2 &= x + (1 + a_1 x + a_2 x^2 + \cdots)(1 + a_1 x + a_2 x^2 + \cdots) \\ &= x + \{1 + 2a_1 x + (a_1^2 + 2a_2) x^2 + \cdots\} \\ &= 1 + (1 + 2a_1) x + (a_1^2 + 2a_2) x^2 + \cdots\cdots \end{aligned}$$

この y' と $x + y^2$ との各項の係数を比較して，
$$a_1 = 1, \quad 2a_2 = 1 + 2a_1, \quad 3a_3 = a_1^2 + 2a_2, \quad \cdots\cdots$$

ゆえに，
$$a_0 = 1, \quad a_1 = 1, \quad a_2 = \frac{3}{2}, \quad a_3 = \frac{4}{3}, \quad \cdots\cdots$$

したがって，求める級数解は，
$$y = 1 + x + \frac{3}{2} x^2 + \frac{4}{3} x^3 + \cdots\cdots \qquad \square$$

【解・2】 与えられた微分方程式の両辺を x で次々に微分する：

$y'(x) = x + y(x)^2$

$y''(x) = 1 + 2y(x)\, y'(x)$　　　　　◀合成関数の微分法

$y'''(x) = 2y'(x)\, y'(x) + 2y(x)\, y''(x)$　　◀積の微分法

したがって，

$y'(0) = 0 + y(0)^2 = 0 + 1^2 = 1$

$y''(0) = 1 + 2y(0)\, y'(0) = 1 + 2\cdot 1\cdot 1 = 3$

$y'''(0) = 2y'(0)\, y'(0) + 2y(0)\, y''(0) = 2\cdot 1\cdot 1 + 2\cdot 1\cdot 3 = 8$

ゆえに，
$$y = y(0) + \frac{y'(0)}{1!} x + \frac{y''(0)}{2!} x^2 + \frac{y'''(0)}{3!} x^3 + \cdots\cdots$$
$$= 1 + \frac{1}{1!} x + \frac{3}{2!} x^2 + \frac{8}{3!} x^3 + \cdots\cdots$$

$$= 1 + x + \frac{3}{2}x^2 + \frac{4}{3}x^3 + \cdots\cdots \qquad \square$$

▶注　一般に，級数解について，次のことが知られている：
1°　$y' = f(x, y)$ において，$f(x, y)$ が点 (a, b) の近くで正則（すなわちテイラー展開可能）ならば，初期条件 $y(a) = b$ を満たすただ一つの正則解が点 a の近くで存在する．
2°　$y^{(n)} + P_1(x) y^{(n-1)} + \cdots + P_{n-1}(x) y' + P_n(x) y = Q(x)$
において，$P_1(x), \cdots, P_n(x), Q(x)$ がすべて点 a の近くで正則ならば，任意の初期条件 $y(a) = b_0,\ y'(a) = b_1, \cdots, y^{(n-1)}(a) = b_{n-1}$ を満たすただ一つの解が点 a の近くで存在する．

演習問題

12.1　次の関数の点 0 のまわりのテイラー級数（マクローリン級数）を求めよ．

（1）　$\dfrac{1}{1+x}$　　　　　　　　　　（2）　$\log(1+x)$

（3）　$\log \dfrac{1+x}{1-x}$

12.2　e^x と $\sin x$ のテイラー級数を用いて，$e^x \sin x$ のテイラー級数を x^3 の項まで求めよ．

12.3　点 0 のまわりのベキ級数解を用いて，次の微分方程式を解け．

（1）　$y' = x + 2xy$

（2）　$(1+x)y' - y = x$

（3）　$(1-x^2)y'' - 2xy' + 2y = 0$

12.4　微分方程式 $xy' = x + y$ について，

（1）　点 0 のまわりのベキ級数解は存在しないことを示せ．

（2）　点 1 のまわりのベキ級数解を求めよ．

12.5　初期値問題
$$y' = x^2 - y^2, \qquad y(1) = 1$$
の点 1 のまわりのベキ級数解を 3 次の項まで求めよ．

§13 近似解
―― 厳密解に一歩一歩近づく近似解の求め方 ――

ピカールの逐次(ちくじ)近似法

初期値問題
$$y' = f(x, y), \quad y(a) = b \quad \cdots\cdots\cdots Ⓐ$$
が，点 a を含むある区間で，ただ一つの解をもつとき，その近似解を求める方法を述べよう．

いま，与えられた微分方程式Ⓐの両辺を，a から x まで積分すると，
$$\int_a^x y'(t)\,dt = \int_a^x f(t, y(t))\,dt$$

◀ 変数 x を t に書きかえて $y'(t) = f(t, y(t))$ を a から x まで t で積分．

この左辺は，
$$\int_a^x y'(t)\,dt = \Big[y(t)\Big]_a^x = y(x) - y(a) = y(x) - b$$
となるから，上の式は，
$$y(x) = b + \int_a^x f(t, y(t))\,dt \quad \cdots\cdots\cdots Ⓑ$$

この両辺を x で微分すると，$y' = f(x, y)$ が得られ，Ⓑで $x = a$ とおけば，$y(a) = b$ が得られるので，Ⓐ，Ⓑは同値である．

しかし，Ⓑの被積分関数の中に未知関数 $y(x)$ が入っているので，Ⓑによって，微分方程式Ⓐが解けたわけではない．

いま，**点 a の近く**で考えることにして，等式Ⓑを用いて，微分方程式Ⓐの解に一歩一歩近づく近似解を求めたい．

まず，定数関数 $y = b$ を，点 a の近くでのⒶの近似解とする．

 0 次近似： $y_0(x) = b$

次に，$y(a) = b$ なる解は，
$$x \fallingdotseq a \text{ のとき，} y \fallingdotseq b \text{ で，} f'(x, y) \fallingdotseq f'(x, b)$$
だから，Ⓐの 1 次近似解 $y_1(x)$ は，
$$y_1' = f(x, y_0), \quad y_1(a) = b$$

を満たす．$y_1(x)$ は，$y_0(x)$ よりよい近似解と考えられる．

この両辺を，a から x まで積分して，　　◀ x を t に書きかえて

$$y_1(x) = b + \int_a^x f(t, y_0(t))\,dt$$

すなわち，1次近似 y_1 は，Ⓑ の右辺へ0次近似 y_0 を代入したものになっている．同様に，順次，

1次近似 ：　$y_1(x) = b + \int_a^x f(t, y_0(t))\,dt$

2次近似 ：　$y_2(x) = b + \int_a^x f(t, y_1(t))\,dt$

　　　　　　　　　$\vdots$

n 次近似 ：　$y_n(x) = b + \int_a^x f(t, y_{n-1}(t))\,dt$

　　　　　　　　　$\vdots$

のようである．このように，厳密解 $y(x)$ に一歩一歩近づく近似解

$$y_0(x), y_1(x), \cdots, y_n(x), \cdots\cdots$$

を求める方法を，**ピカールの逐次近似法**という．　　◀ C.E. Picard（ピカール）

例　　　　　　　　$y' = xy, \quad y(0) = 1$

の点 0 の近くでの近似解を求めよう．

$y_0(x) = 1$

$y_1(x) = 1 + \int_0^x t\,y_0(t)\,dt = 1 + \int_0^x t\,dt = 1 + \dfrac{x^2}{2}$

$y_2(x) = 1 + \int_0^x t\,y_1(t)\,dt$

　　　$= 1 + \int_0^x t\left(1 + \dfrac{t^2}{2}\right)dt$

　　　$= 1 + \int_0^x \left(t + \dfrac{t^3}{2}\right)dt = 1 + \dfrac{x^2}{2} + \dfrac{x^4}{2\cdot 4}$

$y_3(x) = 1 + \int_0^x t\,y_2(t)\,dt$

　　　$= 1 + \int_0^x t\left(1 + \dfrac{t^2}{2} + \dfrac{t^4}{2\cdot 4}\right)dt$

　　　$= 1 + \int_0^x \left(t + \dfrac{t^3}{2} + \dfrac{t^5}{2\cdot 4}\right)dt = 1 + \dfrac{x^2}{2} + \dfrac{x^4}{2\cdot 4} + \dfrac{x^6}{2\cdot 4\cdot 6}$

一般に，
$$y_n(t) = 1 + \frac{x^2}{2} + \frac{x^4}{2\cdot 4} + \frac{x^6}{2\cdot 4\cdot 6} + \cdots + \frac{x^{2n}}{2\cdot 4\cdots 2n}$$
$$= 1 + \frac{1}{1!}\left(\frac{x^2}{2}\right) + \frac{1}{2!}\left(\frac{x^2}{2}\right)^2 + \cdots + \frac{1}{n!}\left(\frac{x^2}{2}\right)^n \qquad \square$$

ところで，与えられた微分方程式Ⓐは変数分離形．簡単に解けて，
$$y = e^{\frac{x^2}{2}}$$
が，厳密解．これを，点0のまわりでテイラー展開すると，
$$y = e^{\frac{x^2}{2}} = 1 + \frac{1}{1!}\left(\frac{x^2}{2}\right) + \frac{1}{2!}\left(\frac{x^2}{2}\right)^2 + \cdots + \frac{1}{n!}\left(\frac{x^2}{2}\right)^n + \cdots\cdots$$

このことからも，上の近似解
$$y_0(x), y_1(x), \cdots, y_n(x), \cdots\cdots$$
は，順次改良され，近似精度が高くなっていくことが分かるであろう．

この方法をまとめておく．

●ポイント ─────────────── **ピカールの逐次近似法（ちくじ）**

初期値問題 $y' = f(x, y), \ y(a) = b$ の近似解

$y_0(x) = b$

$y_n(x) = b + \int_a^x f(t, y_{n-1}(t)) \, dt \qquad (n = 1, 2, \cdots)$

▶**注** 　　　　初期値問題 $y' = f(x, y), \ y(a) = b$

の点 a の近くでの**解の存在**と**一意性**について，次の事実がピカールによって証明されている：

- ●点 (a, b) を含む平面上のある領域で $f(x, y)$ が連続ならば，少なくとも一つの解をもつ．
- ●その領域で，さらに，偏導関数 $f_y(x, y)$ が存在して連続ならば，解はただ一つであり，この解は，ピカールの近似解 $y_0(x), y_1(x), y_2(x), \cdots$ の極限になっている．

なお，ピカールの逐次近似法は，この定理の**証明の基礎**にもなり，理論的にも重要であるが，この定理の証明は，ここでは省略する．

━━━ **例題 13.1** ━━━━━━━━━━━━━━━━━━ ピカールの逐次近似法 ━━━

ピカールの逐次近似法によって，初期値問題
$$y' = 2x + y, \quad y(0) = 1$$
の近似解を，y_0, y_1, y_2, y_3 まで計算せよ．

【解】 $y_0(x) = 1$

$$\begin{aligned}
y_1(x) &= 1 + \int_0^x (2t+1)\, dx \\
&= 1 + \left[\, t^2 + t\, \right]_0^x \\
&= 1 + x + x^2
\end{aligned}$$

(欄外メモ: $f(x, y) = 2x + y$ ⇩ $f(t, y(t)) = 2t + y(t)$)

$$\begin{aligned}
y_2(x) &= 1 + \int_0^x \left(2t + (1 + t + t^2)\right) dt \\
&= 1 + \int_0^x (1 + 3t + t^2)\, dt \\
&= 1 + x + \frac{3}{2}x^2 + \frac{1}{3}x^3
\end{aligned}$$

$$\begin{aligned}
y_3(x) &= 1 + \int_0^x \left(2t + \left(1 + t + \frac{3}{2}t^2 + \frac{1}{3}t^3\right)\right) dt \\
&= 1 + \int_0^x \left(1 + 3t + \frac{3}{2}t^2 + \frac{1}{3}t^3\right) dt \\
&= 1 + x + \frac{3}{2}x^2 + \frac{1}{2}x^3 + \frac{1}{12}x^4 \qquad \square
\end{aligned}$$

▶**注** 試みに，$y_4(x)$ を求めてみると，

$$y_4(x) = 1 + x + \frac{3}{2}x^2 + \frac{1}{2}x^3 + \frac{1}{8}x^4 + \frac{1}{60}x^5$$

本問の微分方程式 $y' - y = 2x$ は，1階線形だから，

$$\begin{aligned}
y &= e^{\int dx}\left(\int 2x\, e^{-\int dx} dx + C\right) \\
&= e^x(-2e^{-x}(x+1) + C) \\
&= Ce^x - 2 - 2x
\end{aligned}$$

初期条件 $y(0) = 1$ より，$C = 3$.
したがって，厳密解は，

$$\begin{aligned}
y &= 3e^x - 2 - 2x \\
&= 3\left(1 + \frac{x}{1!} + \frac{x^2}{2!} + \frac{x^3}{3!} + \frac{x^4}{4!} + \frac{x^5}{5!} + \cdots\right) - 2 - 2x
\end{aligned}$$

$$\therefore \quad y = 1 + x + \frac{3}{2}x^2 + \frac{1}{2}x^3 + \frac{1}{8}x^4 + \frac{1}{40}x^5 + \cdots\cdots$$

これを，近似解

$y_0 = 1$

$y_1 = 1 + x + x^2$

$y_2 = 1 + x + \frac{3}{2}x^2 + \frac{1}{3}x^3$

$y_3 = 1 + x + \frac{3}{2}x^2 + \frac{1}{2}x^3 + \frac{1}{12}x^4$

$y_4 = 1 + x + \frac{3}{2}x^2 + \frac{1}{2}x^3 + \frac{1}{8}x^4 + \frac{1}{60}x^5$

$\vdots$

と比べると，$y_0, y_1, y_2, \cdots \to y$ の状況がよく見える．

ピカールの逐次近似法は，連立微分方程式にも適用される：

$$\boldsymbol{x}'(t) = f(t, \boldsymbol{x}), \quad \boldsymbol{x}(t_0) = \boldsymbol{a}_0$$

例 t の関数 $x(t)$, $y(t)$ についての初期値問題

$$\begin{cases} x' = px + qy, & x(t_0) = a_0 \\ y' = rx + sy, & y(t_0) = b_0 \end{cases}$$

あるいは，

$$\boldsymbol{x}' = M\boldsymbol{x}, \quad \boldsymbol{x}(t_0) = \boldsymbol{a}_0$$

ただし，

$$\boldsymbol{x} = \begin{bmatrix} x \\ y \end{bmatrix}, \quad M = \begin{bmatrix} p & q \\ r & s \end{bmatrix}, \quad \boldsymbol{a}_0 = \begin{bmatrix} a_0 \\ b_0 \end{bmatrix}$$

このとき，近似解は，順次，

$\boldsymbol{x}_0(t) = \boldsymbol{a}_0$

$\boldsymbol{x}_1(t) = \boldsymbol{a}_0 + \int_{t_0}^{t} M\boldsymbol{a}_0 \, du = \boldsymbol{a}_0 + (t - t_0)M\boldsymbol{a}_0$

$\quad\quad\quad = (E + (t - t_0)M)\boldsymbol{a}_0$ ◂ E は単位行列

$\boldsymbol{x}_2(t) = \boldsymbol{a}_0 + \int_0^t M(E + (u - t_0)M)\boldsymbol{a}_0 \, du$

$\quad\quad\quad = \left(E + (t - t_0)M + \frac{1}{2}(t - t_0)^2 M^2\right)\boldsymbol{a}_0$

一般に，
$$\boldsymbol{x}_n(t) = \left(E + \frac{t-t_0}{1!}M + \frac{(t-t_0)^2}{2!}M^2 + \cdots + \frac{(t-t_0)^n}{n!}M^n\right)\boldsymbol{a}_0 \quad \square$$

########## 演習問題 ##########

13.1 ピカールの逐次近似法によって，次の初期値問題の近似解を，y_0, y_1, y_2, y_3 まで計算せよ．

(1) $y' = x + y$, $\quad y(0) = 0$

(2) $y' = 1 + y^2$, $\quad y(0) = 0$

(3) $y' = 1 + xy$, $\quad y(0) = 0$

13.2 ピカールの逐次近似法によって，未知関数 $x(t)$, $y(t)$ の次の初期値問題の近似解を，x_0, y_0, x_1, y_1, x_2, y_2, x_3, y_3 まで計算せよ：

$$\begin{cases} x' = -y, & x(0) = 1 \\ y' = x, & y(0) = 0 \end{cases}$$

13.3 初期値問題
$$y' = f(x, y), \quad y(a) = b$$
に対して，点列 $P_0(x_0, y_0)$, $P_1(x_1, y_1)$, $P_2(x_2, y_2)$, ... を，

$$\begin{cases} x_0 = a \\ y_0 = b \end{cases}, \quad \begin{cases} x_i = x_{i-1} + h \\ y_i = y_{i-1} + hf(x_{i-1}, y_{i-1}) \end{cases} \quad (i = 1, 2, \cdots)$$

によって定義する．ただし，h は十分小さい正数で，**刻み幅・ステップ**などとよばれる．このとき，点 P_0, P_1, P_2, $\cdots$ を結んだ折れ線によって解曲線を近似する．

初期値問題 $y' = 1 + 2xy$, $y(0) = 0$ に，この方法を適用して，近似解の折れ線を描きたい．次の空欄を埋めよ．（小数第3位まで記せ）

i	0	1	2	3	4
x_i	0.0	0.1	0.2	0.3	0.4
y_i	0.000				
$1 + 2x_i y_i$					

▶注 この方法を，**オイラー法**とよぶ．

演習問題の解または略解

▶ **予告** 任意定数の**書きかえ・置きかえ**は，いちいち断わらない．一つの式の中で同じ文字が異なる任意定数を表わすこともあり得る．

1.1 ラジウムのはじめの量を C_0，t 年後の量を $x(t)$ とすれば，
$$x' = kx \quad \therefore \quad x(t) = C_0 e^{kt}$$
$$\frac{1}{2} C_0 = x(1600) = C_0 e^{1600k} \quad \therefore \quad 1600k = \log \frac{1}{2} = -\log 2$$
$$\frac{1}{10} C_0 = x(t) = C_0 e^{kt} \quad \text{とすると}, \quad kt = \log \frac{1}{10} = -\log 10$$
$$\therefore \quad t = 1600 \times \frac{\log 10}{\log 2} \doteq 1600 \times \frac{2.30}{0.69} = 5333.3 \quad \therefore \quad \text{約} 5300 \text{年}$$

1.2 ガスを止めて t 分後の温度は，$x(t) = 80 e^{kt}$．
与えられた条件 $60 = 80 e^{5k}$，$40 = 80 e^{kt}$ より，
$$5k = \log \frac{60}{80} = \log 3 - 2\log 2, \quad kt = \log \frac{40}{80} = -\log 2$$
$$\therefore \quad t = \frac{5 \times (-\log 2)}{\log 3 - 2\log 2} \doteq \frac{5 \times (-0.69)}{1.10 - 2 \times 0.69} = 12.3 \quad \text{あと} 7.3 \text{分後}$$

1.3 おもりを動かす力は，mg の糸に対する直交成分 $mg \sin\theta$ だから，
$$-mg \sin\theta = ml \frac{d^2\theta}{dt^2} \quad \therefore \quad \frac{d^2\theta}{dt^2} + \frac{g}{l} \sin\theta = 0$$

1.4 回転軸を x 軸，光源を原点 O とし，切り口の曲線上の任意の点を，$P(x, y)$ とすれば，
$$y' = \tan\theta$$
$$\frac{y}{x} = \tan 2\theta = \frac{2\tan\theta}{1 - \tan^2\theta}$$
$$\therefore \quad \frac{y}{x} = \frac{2y'}{1 - (y')^2}$$
$$\therefore \quad y(y')^2 + 2xy' - y = 0$$

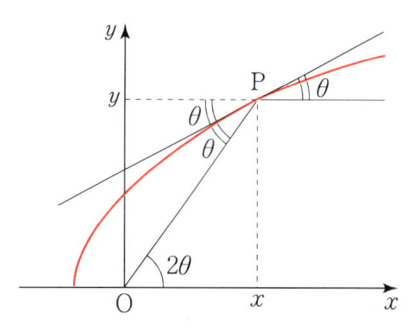

1.5

(1)   (2)   (3)

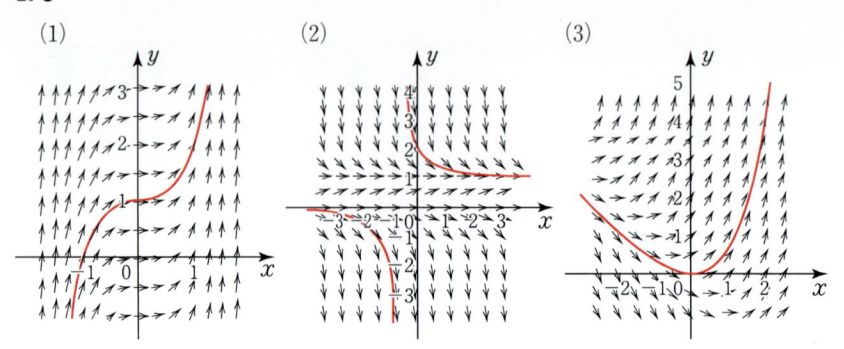

2.1 略

2.2 （1） $y = Ax^2 + B$, $y' = 2Ax$, $y'' = 2A$ より, $xy'' - y' = 0$

（2） 両辺を x で微分して, $2x + 2yy' = 0$ ∴ $x + yy' = 0$

（3） $y = Ae^x \cos x + Be^x \sin x$

$y' = Ae^x(\cos x - \sin x) + Be^x(\cos x + \sin x)$

$y'' = -2Ae^x \sin x + 2Be^x \cos x$

∴ $y'' - 2y' + 2y = 0$

（4） $y = Ax + Be^x$, $y' = A + Be^x$, $y'' = Be^x$

∴ $(x-1)y'' - xy' + y = 0$

3.1 （1） $\dfrac{dy}{dx} = 2(x-1)(y+2)$ より, $\displaystyle\int \dfrac{1}{y+2} dy = \int 2(x-1) dx$

∴ $\log(y+2) = (x-1)^2 + C$ ∴ $y + 2 = e^C e^{(x-1)^2}$

e^C をあらためて C とおいて, $y = Ce^{(x-1)^2} - 2$

（2） $\dfrac{dy}{dx} = y(y-1)$ より, $\displaystyle\int \dfrac{1}{y(y-1)} dy = \int dx$

∴ $\log \dfrac{y-1}{y} = x + C$ ∴ $\dfrac{y-1}{y} = e^C e^x$ ∴ $y = \dfrac{1}{1 - Ce^x}$

（3） $\displaystyle\int (y-1)^2 dy = \int (x+2)^3 dx$ ∴ $\dfrac{(y-1)^3}{3} = \dfrac{(x+2)^4}{4} + C$

∴ $4(y-1)^3 = 3(x+2)^4 + C$

（4） $\displaystyle\int \dfrac{1}{y} dy = \int \dfrac{1}{x(x-1)} dx$ ∴ $\log y = \log \dfrac{x-1}{x} + C$

∴ $y = C \dfrac{x-1}{x}$ ∴ $xy = C(x-1)$

（5） $\int \dfrac{y}{\sqrt{1+y^2}}\,dy = -\int \dfrac{x}{\sqrt{1+x^2}}\,dx$　 $\therefore$　$\sqrt{1+y^2} = -\sqrt{1+x^2} + C$

（6） $\dfrac{dy}{dx} = \dfrac{x\,e^x}{2y\,e^{y^2}}$　 $\therefore$　$\int 2y\,e^{y^2}\,dy = \int x\,e^x\,dx$

$\therefore$　$e^{y^2} = (x-1)\,e^x + C$

（7） $\int \dfrac{1}{\cos^2 y}\,dy = \int \dfrac{1}{1+x^2}\,dx$　 $\therefore$　$\tan y = \tan^{-1} x + C$

（8） $\int \dfrac{1}{\tan y}\,dy = -\int \dfrac{x}{1+x^2}\,dx$

$\therefore$　$\log(\sin y) = -\dfrac{1}{2}\log(1+x^2) + C$　 $\therefore$　$(1+x^2)\sin^2 y = C$

3.2　（1）　$y = x\,u$ とおけば，与式は，$u + x\dfrac{du}{dx} = \dfrac{2u}{1-u^2}$

$\int \dfrac{1-u^2}{u(1+u^2)}\,du = \int \dfrac{1}{x}\,dx$　 $\therefore$　$\int \left(\dfrac{1}{u} - \dfrac{2u}{1+u^2}\right)du = \int \dfrac{1}{x}\,dx$

$\therefore$　$\log u - \log(1+u^2) = \log x + C$　 $\therefore$　$\log \dfrac{u}{(1+u^2)\,x} = C$

$u = y/x$ を代入し，$x,\,y$ にもどして，$C(x^2+y^2) = y$

（2）　$y = x\,u,\ y' = u + x\dfrac{du}{dx}$ を与式へ代入して整理すると，

$x\dfrac{du}{dx} = -\tan u$　 $\therefore$　$\int \dfrac{1}{\tan u}\,du = -\int \dfrac{1}{x}\,dx$

$\therefore$　$\log(\sin u) = -\log x + C$　 $\therefore$　$x \sin(y/x) = C$

（3）　$y = x\,u,\ y' = u + x\dfrac{du}{dx}$ を与式へ代入して整理すると，

$u + x\dfrac{du}{dx} = \dfrac{1-u}{1+u}$　 $\therefore$　$\int \dfrac{u+1}{u^2+2u-1}\,du = -\int \dfrac{1}{x}\,dx$

$\therefore$　$\dfrac{1}{2}\log(u^2+2u-1) = -\log x + C$　 $\therefore$　$u^2+2u-1 = \dfrac{C}{x^2}$

$u = y/x$ を代入し，$x,\,y$ にもどして，$y^2+2xy-x^2 = C$.

（4）　$X = x-2,\ Y = y-3$ とおけば，与式は，次の同次形になる：

$\dfrac{dY}{dX} = \dfrac{X-2Y}{2X+Y}$. $Y = Xu$ とおけば，$u + X\dfrac{du}{dX} = \dfrac{1-2u}{2+u}$ よって，

$-\int \dfrac{-2-u}{1-4u-u^2}\,du = \int \dfrac{1}{X}\,dX$　 $\therefore$　$-\dfrac{1}{2}\log(1-4u-u^2) = \log X + C$

$\therefore$　$1-4u-u^2 = CX^{-2}$　 $\therefore$　$X^2 - 4XY - Y^2 = C$

$X = x-2,\ Y = y-3$ を代入して，$x^2 - 4xy - y^2 + 8x + 14y = C$

(5) $u = 2x - y + 1$, $y' = 2 - u'$ とおけば，与式は，

$$2 - \frac{du}{dx} = \frac{3u-1}{u} \quad \therefore \quad \frac{du}{dx} = \frac{1-u}{u} \quad \therefore \quad \int \left(1 + \frac{1}{u-1}\right) du = -\int dx$$

$$\therefore \quad u + \log(u-1) = -x + C \quad \therefore \quad (3x-y) + \log(2x-y) = C$$

3.3 (1) $u = x + y$, $y' = u' - 1$ とおけば，与式は，

$$u^2\left(\frac{du}{dx} - 1\right) = 1 \quad \therefore \quad \int \left(1 - \frac{1}{u^2+1}\right) du = \int dx$$

$$\therefore \quad u - \tan^{-1} u = x + C \quad \therefore \quad y = \tan^{-1}(x+y) + C$$

(2) $u = x + y + 1$, $y' = u' - 1$ とおけば，与式は，$u' - 1 = \sqrt{u}$.

$$\therefore \quad \int \frac{1}{1+\sqrt{u}} du = \int dx \quad \text{左辺に，置換積分 } t = 1 + \sqrt{u} \text{ を施して，}$$

$$2(\sqrt{u} - \log(1+\sqrt{u})) = x + C$$

$$\therefore \quad 2(\sqrt{x+y+1} - \log(1+\sqrt{x+y+1})) = x + C$$

(3) $y = \frac{u}{x}$, $\frac{dy}{dx} = \frac{1}{x}\left(\frac{du}{dx} - \frac{u}{x}\right)$ とおけば，与式は，

$$\frac{du}{dx} = \frac{u^2-1}{2x} \quad \therefore \quad \int \frac{2}{u^2-1} du = \int \frac{1}{x} dx$$

$$\therefore \quad \log \frac{u-1}{u+1} = \log x + C \quad \therefore \quad \frac{xy-1}{xy+1} = Cx$$

(4) $y = \frac{u}{x}$, $y' = \frac{1}{x}\left(\frac{du}{dx} - \frac{u}{x}\right)$ とおけば，与式は，

$$\frac{du}{dx} = xu\cos x \quad \therefore \quad \int \frac{1}{u} du = \int x \cos x \, dx$$

$$\log u = x\sin x + \cos x + C \quad \therefore \quad \log xy = x\sin x + \cos x + C$$

(5) $u = x^2 + y^2$, $u' = 2x + 2yy'$ とおけば，与式は，

$$(u-1)(u'-2x) + 2x(u+1) = 0$$

$$(u-1)\frac{du}{dx} + 4x = 0 \quad \therefore \quad \int (u-1) du = -4 \int x \, dx$$

$$\frac{1}{2}(u-1)^2 = -2x^2 + C \quad \therefore \quad (x^2+y^2)^2 + 2(x^2-y^2) = C$$

4.1 (1) $y = e^{\int 2x \, dx} \left(\int 2x \, e^{-\int 2x \, dx} dx + C \right)$

$$= e^{x^2}\left(\int 2x \, e^{-x^2} dx + C\right) = e^{x^2}(-e^{-x^2} + C) = Ce^{x^2} - 1$$

(2) $y = e^{-\int \frac{1}{x} dx}\left(\int 4x^2 e^{\int \frac{1}{x} dx} dx + C\right) = \frac{1}{x}\left(\int 4x^3 dx + C\right)$

$$= \frac{1}{x}(x^4 + C) = x^3 + \frac{C}{x}$$

（3） $y = e^{-\int \sin x\, dx}\Bigl(\int e^{\cos x} e^{\int \sin x\, dx} dx + C\Bigr) = e^{\cos x}(x + C)$

（4） $y = e^{-\int \frac{x}{1+x^2} dx}\Bigl(\int \frac{1}{1+x^2} e^{\int \frac{x}{1+x^2} dx} dx + C\Bigr)$

$$= \frac{1}{\sqrt{1+x^2}}\Bigl(\int \frac{1}{\sqrt{1+x^2}} dx + C\Bigr) = \frac{\log(x + \sqrt{1+x^2}) + C}{\sqrt{1+x^2}}$$

4.2 （1） $u = y^{-2}$ とおけば，与式は，$u' - 2u = -2x$.

$$u = e^{\int 2\, dx}\Bigl(-\int 2x\, e^{-\int 2\, dx} dx + C\Bigr) = e^{2x}\Bigl(-2\int x\, e^{-2x} dx + C\Bigr)$$

$$= e^{2x}\Bigl(x\, e^{-2x} + \frac{1}{2} e^{-2x} + C\Bigr) \quad \therefore\ \frac{1}{y^2} = x + \frac{1}{2} + C e^{2x}$$

（2） $u = y^{-1}$ とおけば，与式は，$u' - \frac{1}{2x} u = -\frac{3}{2} x$.

$$u = e^{\int \frac{1}{2x} dx}\Bigl(-\int \frac{3}{2} x\, e^{-\int \frac{1}{2x} dx} dx + C\Bigr)$$

$$= x^{\frac{1}{2}}\Bigl(-\frac{3}{2}\int x^{\frac{1}{2}} dx + C\Bigr) \quad \therefore\ \frac{1}{y} = -x^2 + C\sqrt{x}$$

（3） $u = y^{-1}$ とおけば，与式は，$u' - \frac{1}{x} u = -\frac{1}{x}\log x$.

$$u = e^{\int \frac{1}{x} dx}\Bigl(-\int \frac{1}{x}\log x \cdot e^{-\int \frac{1}{x} dx} dx + C\Bigr)$$

$$= x\Bigl(-\int \frac{1}{x^2}\log x\, dx + C\Bigr) = x\Bigl(\frac{1}{x}\log x + \frac{1}{x} + C\Bigr)$$

$$\therefore\ \frac{1}{y} = \log x + 1 + Cx$$

（4） $u = y^{\frac{1}{2}}$ とおけば，与式は，$u' + \frac{1}{2x} u = \frac{1}{2}$.

$$u = e^{-\int \frac{1}{2x} dx}\Bigl(\int \frac{1}{2} e^{\int \frac{1}{2x} dx} dx + C\Bigr)$$

$$= x^{-\frac{1}{2}}\Bigl(\frac{1}{2}\int x^{\frac{1}{2}} dx + C\Bigr) \quad \therefore\ \sqrt{y} = \frac{1}{3} x + \frac{C}{\sqrt{x}}$$

4.3 $y = y_0 + u$ とおけば，

$$y_0' + u' + P(y_0 + u)^2 + Q(y_0 + u) + R = 0$$

$$\therefore\ (y_0' + P y_0^2 + Q y_0 + R) + u' + (2P y_0 + Q) u = -Pu^2$$

この左辺の第1項 $=0$ だから，$u' + (2P y_0 + Q) u = -Pu^2$

（1） $y = -1 + u$ とおけば，$u' - 5u = -u^2$. $v = u^{-1}$ とおけば，

$v' + 5v = 1$　これを解いて，$v = \dfrac{1}{5} + Ce^{-5x}$．

$$\therefore \quad y = -1 + u = -1 + \dfrac{1}{v} = \dfrac{4 - Ce^{-5x}}{1 + Ce^{-5x}}$$

（2）$y = x + u$ とおけば，$u' - u = -xu^2$．$v = u^{-1}$ とおけば，
$v' + v = x$　これを解いて，$v = x - 1 + Ce^{-x}$．

$$\therefore \quad y = x + u = x + \dfrac{1}{v} = x + \dfrac{1}{x - 1 + Ce^{-x}}$$

4.4　$u = f(y)$，$u' = f'(y)y'$ より，与式は，$u' + P(x)u = Q(x)$．

（1）$u = \sin y$ とおくと，$u' + u\cos x = \cos x$．これを解いて，
$u = 1 + Ce^{-\sin x}$　$\therefore$　$\sin y = 1 + Ce^{-\sin x}$

（2）与式の両辺に，$-e^{-y}/(1 + x^2)$ を掛けると，
$$-e^{-y}y' + \dfrac{2x}{x^2 + 1}e^{-y} = \dfrac{2}{x^2 + 1}$$

$u = e^{-y}$ とおけば，$u' + \dfrac{2x}{x^2 + 1}u = \dfrac{2}{x^2 + 1}$

これを解いて，$u = \dfrac{2x + C}{x^2 + 1}$　$\therefore$　$y = \log\dfrac{x^2 + 1}{2x + C}$

4.5　（1）$y' = y' + xy'' + f'(y')y''$　$\therefore$　$(x + f'(y'))y'' = 0$

（2）両辺を x で微分すると，$(x - 2y')y'' = 0$．

（i）$y'' = 0$ のとき：
　$y' = C$ を与式へ代入して，
　$y = Cx - C^2$（一般解）

（ii）$x - 2y' = 0$ のとき：
　$y' = x/2$ を与式へ代入して，
　$y = x^2/4$（特異解）

▶ 注　各直線 $y = Cx - C^2$ は，放物線 $y = x^2/4$ に接している．

5.1　（1）$(x^2 - y)dx + (y^2 - x)dy = 0$

（2）$e^x \sin y\, dx + e^x \cos y\, dy = 0$

5.2　完全微分形であることの確認は，略す．

（1）$\displaystyle\int (2x^3 + 2xy)\, dx + \int \left(x^2 + 2y^3 - \dfrac{\partial}{\partial y}\int (2x^3 + 2xy)\, dx \right) dy$

$= \dfrac{1}{2}x^4 + x^2 y + \displaystyle\int (x^2 + 2y^3 - x^2)\, dy = \dfrac{1}{2}x^4 + x^2 y + \dfrac{1}{2}y^4$

$\therefore$　$x^4 + 2x^2 y + y^4 = C$

（2）$\displaystyle\int (2x + \sin y)\, dx + \int \left(x\cos y - \dfrac{\partial}{\partial y}\int (2x + \sin y)\, dx \right) dy = x^2 + x\sin y$

$\therefore$　$x^2 + x\sin y = C$

（3） $\int \dfrac{2x-y}{x^2+y^2}dx + \int\left(\dfrac{x+2y}{x^2+y^2} - \dfrac{\partial}{\partial y}\int\dfrac{2x-y}{x^2+y^2}dx\right)dy$

$= \log(x^2+y^2) - \tan^{-1}\dfrac{x}{y} \qquad \therefore \quad \log(x^2+y^2) - \tan^{-1}\dfrac{x}{y} = C$

5.3 （1） $x^\alpha y^\beta$ を与式の両辺に掛けて，
$$(x^{\alpha+2}y^{\beta+1} + 2x^\alpha y^{\beta+2})dx - x^{\alpha+3}y^\beta dy = 0$$
が，完全微分形であることから，
$$(\beta+1)x^{\alpha+2}y^\beta + 2(\beta+2)x^\alpha y^{\beta+1} = -(\alpha+3)x^{\alpha+2}y^\beta$$
$$\therefore \quad \begin{cases}\beta+1 = -(\alpha+3)\\ 2(\beta+2) = 0\end{cases} \qquad \therefore \quad \begin{cases}\alpha = -2\\ \beta = -2\end{cases}$$

与式の両辺に，積分因数 $1/x^2y^2$ を掛けて，
$$\left(\dfrac{1}{y} + \dfrac{2}{x^2}\right)dx - \dfrac{x}{y^2}dy = 0 \qquad \therefore \quad \dfrac{x}{y} - \dfrac{2}{x} = C$$

（2） $x^\alpha y^\beta$ を与式の両辺に掛けて，
$$(6x^{\alpha+1}y^{\beta+1} + 4x^\alpha y^{\beta+2})dx + (x^{\alpha+2}y^\beta + 3x^{\alpha+1}y^{\beta+1})dy = 0$$
が，完全微分形であることから，
$$6(\beta+1)x^{\alpha+1}y^\beta + 4(\beta+2)x^\alpha y^{\beta+1} = (\alpha+2)x^{\alpha+1}y^\beta + 3(\alpha+1)x^\alpha y^{\beta+1}$$
$$\therefore \quad \begin{cases}6(\beta+1) = \alpha+2\\ 4(\beta+2) = 3(\alpha+1)\end{cases} \qquad \therefore \quad \begin{cases}\alpha = 1\\ \beta = -1/2\end{cases}$$

与式の両辺に，積分因数 $xy^{-\frac{1}{2}}$ を掛けて，
$$(6x^2y^{\frac{1}{2}} + 4xy^{\frac{3}{2}})dx + (x^3y^{-\frac{1}{2}} + 3x^2y^{\frac{1}{2}})dy = 0$$
$$\therefore \quad x^3y^{\frac{1}{2}} + x^2y^{\frac{3}{2}} = C$$

（3） $\dfrac{1}{Q}\left(\dfrac{\partial P}{\partial y} - \dfrac{\partial Q}{\partial x}\right) = -\dfrac{1}{x}$ は，x だけの関数だから，積分因数 $e^{\int\left(-\frac{1}{x}\right)dx} = \dfrac{1}{x}$

を，与式の両辺に掛けて，
$$\dfrac{y-\log x}{x}dx + (\log x)dy = 0 \qquad \therefore \quad y\log x - \dfrac{(\log x)^2}{2} = C$$

（4） $\dfrac{1}{1}\left(\dfrac{\partial}{\partial y}(P(x)y - Q(x)) - \dfrac{\partial}{\partial x}1\right) = P(x)$

は，x だけの関数だから，$e^{\int P dx}$ は積分因数，これを与式の両辺に掛けて，
$$(Py-Q)e^{\int P dx}dx + e^{\int P dx}dy = 0 \qquad \therefore \quad \int(Py-Q)e^{\int P dx}dx = C$$

ところで，
$$\int(Py-Q)e^{\int P dx}dx = y\int Pe^{\int P dx}dx - \int Qe^{\int P dx}dx$$

$$= y e^{\int P\,dx} - \int Q e^{\int P\,dx} dx$$

$$\therefore\quad y = e^{-\int P\,dx}\left(\int Q e^{\int P\,dx} dx + C\right)$$

5.4 （1） 例題 5.2 と同様．

（2） $\dfrac{1}{P}\left(\dfrac{\partial Q}{\partial x} - \dfrac{\partial P}{\partial y}\right) = -\dfrac{2}{y}$ は，y だけの関数．積分因子 $e^{\int(-\frac{2}{y})dy} = \dfrac{1}{y^2}$ を，

与式の両辺に掛けて，

$$\left(2x + \dfrac{1}{y}\right)dx + \left(\dfrac{1}{y} - \dfrac{x}{y^2}\right)dy = 0 \quad \therefore\quad x^2 + \dfrac{x}{y} + \log y = C$$

6.1 （1） 一般解 $y = Ax + B\cos x$ から，A, B を消去する：

$$\begin{vmatrix} y & x & \cos x \\ y' & 1 & -\sin x \\ y'' & 0 & -\cos x \end{vmatrix} = -y''(x\sin x + \cos x) + y'x\cos x - y\cos x = 0$$

$$\therefore\quad (1 + x\tan x)y'' - xy' + y = 0$$

（2） $\begin{vmatrix} y & x & x^2 & x^3 \\ y' & 1 & 2x & 3x^2 \\ y'' & 0 & 2 & 6x \\ y''' & 0 & 0 & 6 \end{vmatrix} = 0$ より，$x^3 y''' - 3x^2 y'' + 6xy' - 6y = 0$

6.2 解の確認は，直接代入すればよい．一次独立性はロンスキアン．

（1） $W(x, e^x) = (x-1)e^x \neq 0$

（2） $W(x\cos x, x\sin x) = x^2 \neq 0$

6.3 （1） 一般解は，$y = Ae^x + Be^{3x}$．初期条件より，

$$\begin{cases} A + B = 1 \\ A + 3B = -5 \end{cases} \therefore\ \begin{cases} A = 4 \\ B = -3 \end{cases} \therefore\ y = 4e^x - 3e^{3x}$$

（2） 一般解は，$y = e^{2x}(A\cos x + B\sin x)$

$$y(0) = A = 1,\ y'(0) = 2A + B = 0 \quad \therefore\quad A = 1,\ B = -2$$

$$\therefore\quad y = e^{2x}(\cos x - 2\sin x)$$

（3） 一般解は，$y = (Ax + B)e^{2x}$．

$$y(0) = B = 1,\ y'(0) = A + 2B = 0 \quad \therefore\quad A = -2,\ B = 1$$

$$\therefore\quad y = (-2x + 1)e^{2x}$$

6.4 （1） $(t-1)(t-2)(t-3) = 0,\ y = Ae^x + Be^{2x} + Ce^{3x}$

（2） $(t-1)^2(t-2) = 0,\ y = (Ax + B)e^x + Ce^{2x}$

（3） $t^4 + 6t^2 + 25 = ((t-1)^2 + 2^2)((t+1)^2 + 2^2)$,

$$y = e^x(A\cos 2x + B\sin 2x) + e^{-x}(C\cos 2x + D\sin 2x)$$

6.5 $L = 20$, $R = 80$, $C = 0.01$ だから, 微分方程式 $LI'' + RI' + I/C = 0$ は, $20I'' + 80I' + 100I = 0$ ∴ $I'' + 4I' + 5I = 0$
一般解は, $I(t) = e^{-2t}(A\cos t + B\sin t)$.
$I(0) = 0$ より, $A = 0$. ∴ $I(t) = Be^{-2t}\sin t$ ∴ $I'(0) = B$
$LI' + RI + Q/C = E$ で, $t = 0$ とおき,
$LI'(0) + RI(0) + Q(0)/C = 100$ ∴ $20B = 100$ ∴ $B = 5$
∴ $I(t) = 5e^{-2t}\sin t$

7.1 （1） $y = ax^2 + bx + c$ とおくと, 与式は,
$$-2ax^2 - (2a + 2b)x + (2a - b - 2c) = 4x^2$$
∴ $-2a = 4$, $2a + 2b = 0$, $2a - b - 2c = 0$
∴ $a = -2$, $b = 2$, $c = -3$ ∴ $y = -2x^2 + 2x - 3 + Ae^{2x} + Be^{-x}$
（2） $y = x(ax^2 + bx + c)$ とおくと, 与式は,
$$-3ax^2 + (6a - 2b)x + (2b - c) = -3x^2$$
∴ $-3a = -3$, $6a - 2b = 0$, $2b - c = 0$
∴ $a = 1$, $b = 3$, $c = 6$ ∴ $y = x^3 + 3x^2 + 6x + Ae^x + B$
（3） $y = ae^{3x}$ とおくと, 与式は,
$$9ae^{3x} - 3ae^{3x} - 2ae^{3x} = 4e^{3x} \quad ∴ \quad a = 1$$
$$∴ \quad y = e^{3x} + Ae^{2x} + Be^{-x}$$
（4） $y = axe^{2x}$ とおくと, 与式は,
$$a(4x + 4)e^{2x} - a(2x + 1)e^{2x} - 2axe^{2x} = 6e^{2x} \quad ∴ \quad a = 2$$
$$∴ \quad y = 2xe^{2x} + Ae^{2x} + Be^{-x}$$
（5） $y = a\cos 2x + b\sin 2x$ とおくと, 与式は,
$$-(6a + 2b)\cos 2x + (2a - 6b)\sin 2x = 20\sin 2x$$
係数を比較して, $6a + 2b = 0$, $2a - 6b = 20$ ∴ $a = 1$, $b = -3$
$$∴ \quad y = \cos 2x - 3\sin 2x + Ae^{2x} + Be^{-x}$$
（6） $y = x(a\cos 2x + b\sin 2x)$ とおくと, 与式は,
$$4b\cos 2x - 4a\sin 2x = 4\cos 2x$$
係数を比較して, $4b = 4$, $-4a = 0$ ∴ $a = 0$, $b = 1$
$$∴ \quad y = x\sin 2x + A\cos 2x + B\sin 2x$$
（7） $y = x(ax + b)e^{2x}$ とおくと, 与式は,
$$(6ax + 2a + 3b)e^{2x} = 18xe^{2x}$$

係数を比較して，$6a=18,\ 2a+3b=0$ ∴ $a=3,\ b=-2$
∴ $y=x(3x-2)e^{2x}+Ae^{2x}+Be^{-x}$

（8） $y=e^x(a\cos 2x+b\sin 2x)$ とおくと，与式は，
$$e^x(-3a\cos 2x-3b\sin 2x)=3e^x\cos 2x$$
係数を比較して，$-3a=3,\ -3b=0$ ∴ $a=-1,\ b=0$
∴ $y=-e^x\cos 2x+e^x(A\cos x+B\sin x)$

7.2 （1） $W(e^{2x},\ xe^{2x})=e^{2x}e^{2x}$
$$C_1=\int\frac{-xe^{2x}\cdot 6xe^{2x}}{e^{2x}e^{2x}}dx=-\int 6x^2\,dx=-2x^3$$
$$C_2=\int\frac{e^{2x}\cdot 6xe^{2x}}{e^{2x}e^{2x}}dx=\int 6x\,dx=3x^2$$
$$y_0=y_1C_1+y_2C_2=e^{2x}(-2x^3)+xe^{2x}\cdot 3x^2=x^3e^{2x}$$
∴ $y=x^3e^{2x}+Ae^{2x}+Bxe^{2x}$

（2） $W(x+1,\ e^x)=xe^x$
$$y_0=(x+1)\int\frac{-e^x\cdot 2x^2}{xe^x}dx+e^x\int\frac{(x+1)\cdot 2x^2}{xe^x}dx$$
$$=(x+1)\int(-2x)\,dx+e^x\int(2x^2+2x)e^{-x}dx$$
$$=(x+1)\cdot(-x^2)+e^x\{-2(x^2+3x+3)e^{-x}\}$$
$$=-x^3-3x^2-6(x+1)$$
∴ $y=-x^3-3x^2+A(x+1)+Be^x$

（3） $W(x,\ x^2+1)=x^2-1$
$$y_0=x\int\frac{-(x^2+1)x}{x^2-1}dx+(x^2+1)\int\frac{x\cdot x}{x^2-1}dx$$
$$=-x\int\left(x+\frac{2x}{x^2-1}\right)dx+(x^2+1)\int\left(1+\frac{1}{x^2-1}\right)dx$$
$$=-x\left(\frac{1}{2}x^2+\log(x^2-1)\right)+(x^2+1)\left(x+\frac{1}{2}\log\frac{x-1}{x+1}\right)$$
∴ $y=\frac{x^3}{2}-x\log(x^2+1)+\frac{x^2+1}{2}\log\frac{x-1}{x+1}+Ax+B(x^2+1)$

7.3 （1） $y_2=x\int\frac{1}{x^2}e^{-\int\frac{x}{1-x}dx}dx=x\int\frac{x-1}{x^2}e^x\,dx=x\cdot\frac{e^x}{x}=e^x$.
$W(x,\ e^x)=(x-1)e^x$. $R(x)=1-x$
$$y_0=x\int\frac{-e^x\cdot(1-x)}{(x-1)e^x}dx+e^x\int\frac{x(1-x)}{(x-1)e^x}dx=x^2+x+1$$
∴ $y=x^2+x+1=C_1x+C_2e^x=x^2+1+Ax+Be^x$

（2） $-\int P(x)\,dx = -\int \dfrac{-(x^2-2)}{x(x-2)}\,dx = \int\left(1+\dfrac{2x-2}{x^2-2x}\right)dx$
$\qquad\qquad = x+\log(x^2-2x)$

$\therefore\ y_2 = x^2\int \dfrac{1}{x^4}e^{x+\log(x^2-2x)}\,dx = x^2\int \dfrac{e^x(x^2-2x)}{x^4}\,dx = x^2\cdot\dfrac{e^x}{x^2} = e^x$

$\quad y_0 = x^2\int \dfrac{-e^x}{x(x-2)e^x}\cdot\dfrac{x-2}{x}\,dx + e^x\int \dfrac{x^2}{x(x-2)e^x}\cdot\dfrac{x-2}{x}\,dx$
$\qquad = x-1 \quad \therefore\ y = x-1+Ax^2+Be^x$

（3） $y_2 = x\cos x\int \dfrac{1}{x^2\cos^2 x}e^{-\int\left(-\frac{2}{x}\right)dx}\,dx = x\sin x$

$\quad y_0 = x\cos x\int \dfrac{-x\sin x}{x^2}\cdot 3x\,dx + x\sin x\int \dfrac{x\cos x}{x^2}\cdot 3x\,dx = 3x$

$\therefore\ y = 3x + Ax\cos x + Bx\sin x$

7.4 （1） $y=y_1 u,\ y'=y_1' u + y_1 u',\ y''=y_1'' u + 2y_1' u_1' + y_1 u''$
を，与式へ代入して整理すると，
$$y_1 u'' + (2y_1' + P y_1)u' = R$$

（2） $y=u\cos x,\ y'=u'\cos x - u\sin x,\ y''=u''\cos x - 2u'\sin x - u\cos x$
を与式へ代入すると，
$u'' - u'\tan x = 1$　これを解いて，$u'=\tan x + A/\cos x.$
$\therefore\ y = u\cos x = \cos x\{-\log(\cos x) + A\log(\sec x + \tan x) + B\}$

7.5 （1） $t=\log x,\ \dfrac{dt}{dx}=\dfrac{1}{x},\ x\dfrac{dy}{dx}=x\dfrac{dy}{dt}\dfrac{dt}{dx}=\dfrac{dy}{dt},$

$\quad x^2\dfrac{d^2 y}{dx^2} = x^2\dfrac{d}{dt}\left(\dfrac{1}{x}\dfrac{dy}{dt}\right) = x^2\left(-\dfrac{1}{x^2}\dfrac{dy}{dt} + \dfrac{1}{x}\dfrac{d^2 y}{dt^2}\dfrac{dt}{dx}\right) = \dfrac{d^2 y}{dt^2} - \dfrac{dy}{dt}$

これらを，$x^2 y'' + axy' + by = R(x)$ へ代入すると，
$$\dfrac{d^2 y}{dt^2} + (a-1)\dfrac{dy}{dt} + by = R(e^t)$$

（2） $x=e^t$ とおけば，与式は，$\dfrac{d^2 y}{dt^2} - 2\dfrac{dy}{dt} + y = t$

$y=2+t$ は，この特殊解だから，求める一般解は，
$$y = 2 + \log x + Ax\log x + Bx$$

8.1 （1） ①の両辺を t で微分した式，①$\times(-a_{22})$，②$\times a_{11}$ の三式を辺ごとに加えればよい．

（2） $\dfrac{dy_1}{dx} = y_2,\ \dfrac{dy_2}{dx} = -by_1 - ay_2 + c$

8.2 （1）たとえば，$P = \begin{bmatrix} 1 & 3 \\ -1 & 1 \end{bmatrix}$, $P^{-1} = \dfrac{1}{4}\begin{bmatrix} 1 & -3 \\ 1 & 1 \end{bmatrix}$ によって，

$$J = P^{-1}AP = \begin{bmatrix} 3 & \\ & 7 \end{bmatrix}, \quad e^{tA} = \dfrac{1}{4}e^{3t}\begin{bmatrix} 1 & -3 \\ -1 & 3 \end{bmatrix} + \dfrac{1}{4}e^{7t}\begin{bmatrix} 3 & 3 \\ 1 & 1 \end{bmatrix}$$

（2）たとえば，$P = \begin{bmatrix} 1 & -1 \\ 1 & 0 \end{bmatrix}$, $P^{-1} = \begin{bmatrix} 0 & 1 \\ -1 & 1 \end{bmatrix}$, $J = \begin{bmatrix} 2 & 1 \\ -1 & 2 \end{bmatrix}$

$$e^{tA} = e^t \cos 2t \begin{bmatrix} 1 & \\ & 1 \end{bmatrix} + e^t \sin 2t \begin{bmatrix} -1 & 2 \\ -1 & 1 \end{bmatrix}$$

（3）たとえば，$P = \begin{bmatrix} 2 & 1 \\ 3 & 2 \end{bmatrix}$, $P^{-1} = \begin{bmatrix} 2 & -1 \\ -3 & 2 \end{bmatrix}$, $J = \begin{bmatrix} 3 & 1 \\ & 3 \end{bmatrix}$

$$e^{tA} = e^{3t}\begin{bmatrix} 1 & \\ & 1 \end{bmatrix} + te^{3t}\begin{bmatrix} -6 & 4 \\ -9 & 6 \end{bmatrix}$$

8.3 $e^{A+B} = \begin{bmatrix} \cos\alpha & -\sin\alpha \\ \sin\alpha & \cos\alpha \end{bmatrix}$, $\quad e^A e^B = \begin{bmatrix} 1 & -\alpha \\ \alpha & 1-\alpha^2 \end{bmatrix}$

8.4 A を三角化して，$B = P^{-1}AP = \begin{bmatrix} \alpha & * \\ & \beta \end{bmatrix}$, $e^B = \begin{bmatrix} e^\alpha & * \\ & e^\beta \end{bmatrix}$.

（1）$e^B = P^{-1}e^A P, \quad \varphi_{e^A}(\lambda) = \varphi_{e^B}(\lambda) = (\lambda - e^\alpha)(\lambda - e^\beta)$

（2）$|e^A| = |Pe^B P^{-1}| = |B| = e^\alpha e^\beta = e^{\alpha+\beta} = e^{\text{tr}B} = e^{\text{tr}A}$

▶注　一般に，$\text{tr}A = \text{tr}(P^{-1}AP)$ であることが知られている．

9.1（1）$\begin{bmatrix} x \\ y \end{bmatrix} = Pe^{tJ}P^{-1}\boldsymbol{c} = \begin{bmatrix} 2 & 1 \\ -1 & -1 \end{bmatrix}\begin{bmatrix} e^{5t} & \\ & e^{6t} \end{bmatrix}\begin{bmatrix} c_1 \\ c_2 \end{bmatrix}$

$= c_1 e^{5t}\begin{bmatrix} 2 \\ -1 \end{bmatrix} + c_2 e^{6t}\begin{bmatrix} 1 \\ -1 \end{bmatrix}$

（2）$\begin{bmatrix} x \\ y \end{bmatrix} = Pe^{tJ}P^{-1}\boldsymbol{c} = \begin{bmatrix} 1 & 0 \\ 2 & -1 \end{bmatrix} \cdot e^{4t}\begin{bmatrix} \cos t & \sin t \\ -\sin t & \cos t \end{bmatrix}\begin{bmatrix} c_1 \\ c_2 \end{bmatrix}$

$= c_1 e^{4t}\begin{bmatrix} \cos t \\ 2\cos t + \sin t \end{bmatrix} + c_2 e^{4t}\begin{bmatrix} \sin t \\ 2\sin t - \cos t \end{bmatrix}$

（3）$\begin{bmatrix} x \\ y \end{bmatrix} = Pe^{tJ}P^{-1}\boldsymbol{c} = \begin{bmatrix} 1 & 1 \\ -1 & 0 \end{bmatrix} \cdot e^{5t}\begin{bmatrix} 1 & t \\ & 1 \end{bmatrix}\begin{bmatrix} c_1 \\ c_2 \end{bmatrix}$

$= c_1 e^{5t}\begin{bmatrix} 1 \\ -1 \end{bmatrix} + c_2 e^{5t}\begin{bmatrix} t+1 \\ -t \end{bmatrix}$

▶注　上の P は，変換行列の一例にすぎない．

9. 2 （1） $\begin{bmatrix} x \\ y \end{bmatrix} = e^{tA}\left(\int e^{-tA}\boldsymbol{b}(t)\,dt + \boldsymbol{c}\right)$

$= e^{tA}\left(\int \begin{bmatrix} \cos t & -\sin t \\ \sin t & \cos t \end{bmatrix}\begin{bmatrix} \sin 2t \\ \cos 2t \end{bmatrix}dt + \begin{bmatrix} c_1 \\ c_2 \end{bmatrix}\right)$

$= e^{tA}\left(\int \begin{bmatrix} \sin t \\ \cos t \end{bmatrix}dt + \begin{bmatrix} c_1 \\ c_2 \end{bmatrix}\right)$

$= \begin{bmatrix} \cos t & \sin t \\ -\sin t & \cos t \end{bmatrix}\left(\begin{bmatrix} -\cos t \\ \sin t \end{bmatrix} + \begin{bmatrix} c_1 \\ c_2 \end{bmatrix}\right)$

$= \begin{bmatrix} -\cos 2t \\ \sin 2t \end{bmatrix} + c_1\begin{bmatrix} \cos t \\ -\sin t \end{bmatrix} + c_2\begin{bmatrix} \sin t \\ \cos t \end{bmatrix}$

（2） $\begin{bmatrix} x \\ y \end{bmatrix} = e^{tA}\left(\int \dfrac{1}{2}\begin{bmatrix} e^t+e^{-t} & -e^t+e^{-t} \\ -e^t+e^{-t} & e^t+e^{-t} \end{bmatrix}\begin{bmatrix} 2 \\ -t \end{bmatrix}dt + \boldsymbol{c}\right)$

$= e^{tA}\left(\int \dfrac{1}{2}\begin{bmatrix} 2e^t+2e^{-t}+te^t+te^{-t} \\ -2e^t+2e^{-t}-te^t-te^{-t} \end{bmatrix}dt + \begin{bmatrix} c_1 \\ c_2 \end{bmatrix}\right)$

$= \dfrac{1}{2}\begin{bmatrix} e^t+e^{-t} & e^t-e^{-t} \\ e^t-e^{-t} & e^t+e^{-t} \end{bmatrix}\left(\dfrac{1}{2}\begin{bmatrix} (t+1)e^t+(t-1)e^{-t} \\ -(t+1)e^t+(t-1)e^{-t} \end{bmatrix} + \begin{bmatrix} c_1 \\ c_2 \end{bmatrix}\right)$

$= \begin{bmatrix} t \\ -1 \end{bmatrix} + A e^t\begin{bmatrix} 1 \\ 1 \end{bmatrix} + B e^{-t}\begin{bmatrix} 1 \\ -1 \end{bmatrix} \quad A = \dfrac{c_1+c_2}{2},\ B = \dfrac{c_1-c_2}{2}$

9. 3 $\dfrac{d}{dt}\begin{bmatrix} x_1 \\ x_2 \end{bmatrix} = \begin{bmatrix} 0 & 1 \\ -6 & 5 \end{bmatrix}\begin{bmatrix} x_1 \\ x_2 \end{bmatrix}$ とかける．

$\begin{bmatrix} y \\ y' \end{bmatrix} = Pe^{tJ}P^{-1}\boldsymbol{c} = \begin{bmatrix} 1 & 1 \\ 2 & 3 \end{bmatrix}\begin{bmatrix} e^{2t} & \\ & e^{3t} \end{bmatrix}\begin{bmatrix} c_1 \\ c_2 \end{bmatrix}$

$= c_1 e^{2t}\begin{bmatrix} 1 \\ 2 \end{bmatrix} + c_2 e^{3t}\begin{bmatrix} 1 \\ 3 \end{bmatrix} \quad \therefore\ y = c_1 e^{2t} + c_2 e^{3t}$

10. 1 （1） $\dfrac{1}{(D+3)(D+4)}e^{-3x} = \left(\dfrac{1}{D+3} - \dfrac{1}{D+4}\right)e^{-3x}$

$= e^{-3x}\int e^{3x}e^{-3x}dx - e^{-4x}\int e^{4x}e^{-3x}dx$

$= (x-1)e^{-3x}$

（2） $\left(\dfrac{1}{D+1} - \dfrac{1}{D+2}\right)\dfrac{1}{1+e^x} = e^{-x}\int \dfrac{e^x}{1+e^x}dx - e^{-2x}\int \dfrac{e^{2x}}{1+e^x}dx$

$= e^{-x}\log(1+e^x) - e^{-2x}(e^x - \log(1+e^x))$

$= (e^{-x}+e^{-2x})\log(1+e^x) - e^{-x}$

10.2 (1) $y = Ae^{2x} + Be^{-5x}$

(2) $y = e^{3x}(A_1x + A_2) + e^{4x}(B_1x^4 + B_2x^3 + B_3x^2 + B_4x + B_5)$
$\qquad + e^{5x}(C_1x^2 + C_2x + C_3)$

10.3 (1) $y = \dfrac{1}{D-2}(2x+1) - \dfrac{1}{D-1}(2x+1)$

$\qquad = e^{2x}\int e^{-2x}(2x+1)\,dx - e^x\int e^{-x}(2x+1)\,dx$

$\qquad = e^{2x}(-(x+1)e^{-2x} + C_1) - e^x(-(2x+3)e^{-x} + C_2)$

$\qquad = C_1 e^{2x} - C_2 e^x + (x+2) = Ae^{2x} + Be^x + (x+2)$

(2) $y = \dfrac{1}{D-2}xe^x - \dfrac{1}{D-1}xe^x$

$\qquad = e^{2x}\int e^{-2x}\cdot xe^x\,dx - e^x\int e^{-x}\cdot xe^x\,dx$

$\qquad = e^{2x}(-e^{-x}(x+1) + C_1) - e^x\left(\dfrac{1}{2}x^2 + C_2\right)$

$\qquad = Ae^{2x} + Be^x - e^x\left(\dfrac{1}{2}x^2 + x + 1\right)$

11.1 (1) $\dfrac{1}{(-2)^2 + 3\cdot(-2) + 5}e^{-2x} = \dfrac{1}{3}e^{-2x}$

(2) $\dfrac{1}{D^2 + 2D + 8}e^{2ix} = \dfrac{1}{(2i)^2 + 2\cdot 2i + 8}e^{2ix} = \dfrac{1}{4+4i}e^{2ix}$

$\qquad = \dfrac{1}{8}(1-i)(\cos 2x + i\sin 2x)$

$\qquad = \dfrac{1}{8}\{(\sin 2x + \cos 2x) + i(\sin 2x - \cos 2x)\}$

の虚数部をとる：$\dfrac{\sin 2x}{D^2 + 2D + 8} = \dfrac{1}{8}(\sin 2x - \cos 2x)$

(3) $\dfrac{1}{D+2}x^3 = \dfrac{1}{2}\dfrac{1}{1+\dfrac{D}{2}}x^3 = \dfrac{1}{2}\left(1 - \dfrac{D}{2} + \dfrac{D^2}{4} - \dfrac{D^3}{8} + \cdots\right)x^3$

$\qquad = \dfrac{1}{2}\left(x^3 - \dfrac{3x^2}{2} + \dfrac{6x}{4} - \dfrac{6}{8}\right) = \dfrac{1}{2}x^3 - \dfrac{3}{4}x^2 + \dfrac{3}{4}x - \dfrac{3}{8}$

(4) $\dfrac{1}{D^2 - D - 2}(x^2 - 2x - 3) = -\dfrac{1}{2}\dfrac{1}{1+\dfrac{D-D^2}{2}}(x^2 - 2x - 3)$

$\qquad = -\dfrac{1}{2}\left(1 - \dfrac{D-D^2}{2} + \left(\dfrac{D-D^2}{2}\right)^2 + \cdots\right)(x^2 - 2x - 3)$

$\qquad = -\dfrac{1}{2}\left(1 - \dfrac{1}{2}D - \dfrac{3}{4}D^2 - \cdots\right)(x^2 - 2x - 3)$

$$= -\frac{1}{2}\Big((x^2-2x-3)-\frac{1}{2}(2x-2)+\frac{3}{4}\times 2\Big) = -\frac{1}{2}x^2+\frac{3}{2}x+\frac{1}{4}$$

11.2 （1） $y = \dfrac{1}{D-3}x^2 = e^{3x}\int x^2 e^{-3x}dx = -\dfrac{1}{3}x^2 - \dfrac{2}{9}x - \dfrac{2}{27}$

（2） $y = \dfrac{1}{D^2-3D+2}2x^2 = \Big(\dfrac{1}{D-2}-\dfrac{1}{D-1}\Big)2x^2 = -\dfrac{x^2}{1-\dfrac{D}{2}}+\dfrac{2x^2}{1-D}$

$$= -\Big(1+\dfrac{D}{2}+\dfrac{D^2}{4}+\cdots\Big)x^2 + (1+D+D^2+\cdots)2x^2$$

$$= -\Big(x^2+\dfrac{1}{2}\cdot 2x+\dfrac{1}{4}\cdot 2\Big)+(2x^2+4x+4) = x^2+3x+\dfrac{7}{2}$$

（3） $y = \dfrac{1}{D^2-3D+2}x^2 e^x = e^x \dfrac{1}{(D+1)^2-3(D+1)+2}x^2$

$$= -e^x \dfrac{1}{D(1-D)}x^2 = -e^x \dfrac{1}{D}(1+D+D^2+\cdots)x^2$$

$$= -e^x \dfrac{1}{D}(x^2+2x+2) = -e^x\Big(\dfrac{1}{3}x^3+x^2+2x\Big)$$

（4） $\dfrac{1}{D^2-3D+2}e^{ix} = \dfrac{1}{i^2-3i+2}e^{ix} = \dfrac{1}{1-3i}e^{ix}$

$$= \dfrac{1}{10}(1+3i)(\cos x+i\sin x)$$

の虚数部より，

$$y = \dfrac{1}{D^2-3D+2}\sin x = \dfrac{1}{10}(3\cos x+\sin x)$$

（5） $\dfrac{1}{D^2-3D+2}e^{(2+i)x} = \dfrac{1}{(2+i)^2-3(2+i)+2}e^{(2+i)x}$

$$= -\dfrac{1}{2}e^{2x}(1+i)(\cos x+i\sin x)$$

の実数部より，

$$y = \dfrac{1}{D^2-3D+2}e^{2x}\cos x = \dfrac{1}{2}e^{2x}(\sin x-\cos x)$$

（6） $\dfrac{1}{D-1}x e^x e^{ix} = \dfrac{1}{D-1}x e^{(1+i)x} = e^{(1+i)x}\dfrac{1}{D+i}x$

$$= e^{(1+i)x}\dfrac{1}{i}\Big(1-\dfrac{D}{i}+\cdots\Big)x = e^{(1+i)x}\dfrac{1}{i}\Big(x-\dfrac{1}{i}\Big)$$

$$= e^x(\cos x+i\sin x)(-ix+1)$$

の虚数部より，

$$y = e^x(\sin x - x\cos x)$$

11.3 （1） $\dfrac{1}{P(D^2)}e^{(ax+\beta)i} = e^{\beta i}\dfrac{1}{P(D^2)}e^{iax}$

$$= e^{\beta i}\dfrac{1}{P((ia)^2)}e^{iax} = \dfrac{1}{P(-a^2)}e^{(ax+\beta)i}$$

の実数部・虚数部をとればよい．

（2） $\dfrac{1}{D^4+2D^2+3}\cos(2x+1) = \dfrac{1}{(-4)^2+2(-4)+3}\cos(2x+1)$

$$= \dfrac{1}{11}\cos(2x+1)$$

12.1 求める級数を，$a_0 + a_1 x + a_2 x^2 + \cdots$，$a_n = f^{(n)}(0)/n!$ とする．

（1） $f^{(n)}(x) = (-1)^n n!(1+x)^{-(n+1)}$，$a_n = (-1)^n$

$$\therefore\quad \dfrac{1}{1+x} = 1 - x + x^2 - x^3 + \cdots\cdots \quad (-1 < x < 1)$$

$\left(\because \left|\dfrac{a_n}{a_{n+1}}\right| = 1. \text{ この級数は，} x=1 \text{ でも } x=-1 \text{ でも発散}\right)$

（2） $f^{(n)}(x) = (-1)^{n-1}(n-1)!(1+x)^{-n}$，$a_n = (-1)^{n-1}/n$

$$\therefore\quad \log(1+x) = x - \dfrac{x^2}{2} + \dfrac{x^3}{3} - \dfrac{x^4}{4} + \cdots\cdots \quad (-1 < x \leqq 1)$$

$\left(\because \left|\dfrac{a_n}{a_{n+1}}\right| = \dfrac{n+1}{n} \to 1.\quad x=1 \text{ で収束．} x=-1 \text{ で発散}\right)$

（3） $\log(1+x) = x - \dfrac{x^2}{2} + \dfrac{x^3}{3} - \dfrac{x^4}{4} + \cdots\cdots \quad (-1 < x \leqq 1)$

同様にして，

$$-\log(1-x) = x + \dfrac{x^2}{2} + \dfrac{x^3}{3} + \dfrac{x^4}{4} + \cdots\cdots \quad (-1 \leqq x < 1)$$

よって，どちらの級数も $-1 < x < 1$ で絶対収束．辺ごとに加えて，

$$\log(1+x) - \log(1-x) = 2\left(x + \dfrac{x^3}{3} + \dfrac{x^5}{5} + \dfrac{x^7}{7} + \cdots\cdots\right) \quad (-1 < x < 1)$$

12.2 $e^x \sin x = \left(1 + x + \dfrac{x^2}{2} + \dfrac{x^3}{6} + \cdots\right)\left(x - \dfrac{x^3}{6} + \cdots\right)$

$$= x + x^2 + \left(\dfrac{1}{2} - \dfrac{1}{6}\right)x^3 + \cdots = x + x^2 + \dfrac{1}{3}x^3 + \cdots$$

12.3 $y = a_0 + a_1 x + a_2 x^2 + \cdots$ とする．

（1） $y' - x - 2xy = 0$ へ代入して整理すると，

$$a_1 + (2a_2 - 2a_0 - 1)x + (3a_3 - 2a_1)x^2 + \cdots$$

$$\cdots + ((n+1)a_{n+1} - 2a_{n-1})x^n + \cdots = 0$$

$$\therefore \quad a_1 = 0, \quad a_2 = a_0 + \frac{1}{2}, \quad a_{n+1} = \frac{2}{n+1} a_{n-1} \quad (n = 2, 3, \cdots)$$

$$\therefore \quad a_{2m-1} = 0, \quad a_{2m} = \left(a_0 + \frac{1}{2}\right)\frac{1}{m!}$$

$$\therefore \quad y = a_0 + \left(a_0 + \frac{1}{2}\right)\frac{x^2}{1!} + \left(a_0 + \frac{1}{2}\right)\frac{x^4}{2!} + \left(a_0 + \frac{1}{2}\right)\frac{x^6}{3!} + \cdots$$

$$= \left(a_0 + \frac{1}{2}\right)e^{x^2} - \frac{1}{2} = C e^{x^2} - \frac{1}{2}$$

（2） $(1+x)y' - y - x = 0$ へ代入して整理すると，

$$(a_1 - a_0) + (2a_2 - 1)x + (3a_3 + a_2)x^2 + \cdots$$
$$\cdots + \{(n+1)a_{n+1} + (n-1)a_n\}x^n + \cdots = 0$$

$$\therefore \quad a_1 = a_0, \quad a_2 = \frac{1}{2}, \quad a_{n+1} = -\frac{n-1}{n+1} a_n = \cdots = \frac{(-1)^{n+1}}{n(n+1)}$$

$$\therefore \quad y = C + Cx + \frac{x^2}{2} - \frac{x^3}{2 \cdot 3} + \frac{x^4}{3 \cdot 4} - \cdots \quad (C = a_0)$$

▶注　じつは，$y = C(1+x) + (1+x)\log(1+x) - x$．（与えられた微分方程式の両辺を x で微分してみよ）

（3） 与えられた微分方程式へ代入して整理すると，

$$(2a_2 + 2a_0) - 2 \cdot 3 a_3 x + (3 \cdot 4 a_4 - 2 \cdot 2 a_2)x^2 + \cdots$$
$$\cdots + \{(n+1)(n+2)a_{n+2} - (n(n+1) - 2)a_n\}x^n + \cdots = 0$$

$$\therefore \quad a_2 = -a_0, \quad a_3 = 0, \quad (n+1)a_{n+2} = (n-1)a_n$$

$$\therefore \quad a_3 = a_5 = a_7 = \cdots = 0, \quad a_{2m} = -\frac{a_0}{2m-1}$$

$$\therefore \quad y = a_1 x + a_0 \left\{1 - \left(\frac{x^2}{1} + \frac{x^4}{3} + \frac{x^6}{5} + \cdots\right)\right\} \quad \blacktriangleleft \text{ここまででも正解}$$

$$= a_1 x + a_0 \left(1 - \frac{x}{2}\log\frac{1+x}{1-x}\right)$$

12.4（1） $y = a_0 + a_1 x + a_2 x^2 + \cdots, \quad y' = a_1 + 2a_2 x + 3a_3 x^2 + \cdots$
を，与えられた微分方程式へ代入すると，

$$a_1 x + 2a_2 x^2 + \cdots = a_0 + (1 + a_1)x + a_2 x^2 + \cdots$$

この両辺の x の係数は等しくならないから，この等式は成立しない．

（2） $y = a_0 + a_1(x-1) + a_2(x-1)^2 + \cdots$
を，$(x-1)y' + y' = 1 + (x-1) + y$ へ代入して整理すると，

$$\sum_{n=0}^{\infty}(na_n + (n+1)a_{n+1})(x-1)^n$$

$$= 1 + a_0 + (1+a_1)(x-1) + \sum_{n=2}^{\infty} a_n(x-1)^n$$

$$\therefore \quad a_1 = 1 + a_0, \quad a_1 + 2a_2 = 1 + a_1, \quad n a_n + (n+1)a_{n+1} = a_n$$

$$\therefore \quad a_1 = 1 + a_0, \quad a_2 = \frac{1}{2}, \quad a_n = \frac{(-1)^n}{n(n-1)} \quad (n = 2, 3, \cdots)$$

$$\therefore \quad y = C + (1+C)(x-1)$$
$$+ \frac{1}{1\cdot 2}(x-1)^2 - \frac{1}{2\cdot 3}(x-1)^3 + \frac{1}{3\cdot 4}(x-1)^4 - \cdots \quad (C = a_0)$$

▶注　じつは，$y = Cx + x\log x$　$(C = a_0)$

12.5　$y' = x^2 - y^2$, $y'' = 2x - 2yy'$, $y''' = 2 - 2y'y' - 2yy''$

これらの等式に，$x = 1$ を代入すると，順次，

$$y(1) = 1, \quad y'(1) = 0, \quad y''(1) = 2, \quad y'''(1) = -2$$

$$\therefore \quad y = 1 + (x-1)^2 - \frac{1}{3}(x-1)^3 + \cdots\cdots$$

13.1　（1）$y_0(x) = 0$,

$$y_1(x) = \int_0^x (t+0)\, dt = \frac{1}{2}x^2$$

$$y_2(x) = \int_0^x \left(t + \frac{1}{2}t^2\right) dt = \frac{1}{2}x^2 + \frac{1}{2\cdot 3}x^3$$

$$y_3(x) = \int_0^x \left(t + \frac{1}{2}t^2 + \frac{1}{2\cdot 3}t^3\right) dt = \frac{1}{2}x^2 + \frac{1}{2\cdot 3}x^3 + \frac{1}{2\cdot 3\cdot 4}x^4$$

（2）$y_0(x) = 0$, $y_1(x) = \int_0^x (1+0^2)\, dt = x$

$$y_2(x) = \int_0^x (1+t^2)\, dt = x + \frac{1}{3}x^3$$

$$y_3(x) = \int_0^x \left\{1 + \left(t + \frac{1}{3}t^3\right)^2\right\} dt = x + \frac{1}{3}x^3 + \frac{2}{15}x^5 + \frac{1}{63}x^7$$

（3）$y_0(x) = 0$, $y_1(x) = \int_0^x 1\, dt = x$

$$y_2(x) = \int_0^x (1 + t\cdot t)\, dt = x + \frac{1}{3}x^3$$

$$y_3(x) = \int_0^x \left\{1 + t\left(t + \frac{1}{3}t^3\right)\right\} dt = x + \frac{1}{3}x^3 + \frac{1}{3\cdot 5}x^5$$

13.2　$\boldsymbol{x}_0(t) = \begin{bmatrix} 1 \\ 0 \end{bmatrix}$, $\boldsymbol{x}_1(t) = \begin{bmatrix} 1 \\ t \end{bmatrix}$, $\boldsymbol{x}_2(t) = \begin{bmatrix} 1 - t^2/2! \\ t \end{bmatrix}$, $\boldsymbol{x}_3(t) = \begin{bmatrix} 1 - t^2/2! \\ t - t^3/3! \end{bmatrix}$

13.3

i	0	1	2	3	4
x_i	0.0	0.1	0.2	0.3	0.4
y_i	0.000	0.100	0.202	0.310	0.428
$1+2x_iy_i$	1.000	1.020	1.081	1.186	1.342

―― **解答終り** ――

索　引

い・え・お

一次独立性（関数列の）	41
一般解	3, 11
演算子	74
オイラーの公式	xiii, 45
オイラーの微分方程式	59
オイラー法	105

か

解（微分方程式の）	2, 11
解曲線	7
解空間	44
階数（微分方程式の）	10
階数低下法	59
重ね合わせの原理	52
完全微分形	30
完全微分方程式	30

き

基本解	44
逆演算子	76
級数解	92
求積法	11
行列の指数関数	62
近似解	100

く・こ

クレーローの微分方程式	29
ゴムパーツ（Gomperz）方程式	4

し

指数代入定理	82
指数通過定理	87

収束域	93
収束半径	93
初期条件	2, 12
初期値問題	12

せ・そ

積分因数	34
絶対収束	92
線形微分方程式	10
存在定理	40, 68, 99, 102

た・て・と

ダランベールの階数低下法	59
定数変化法	24, 55
テイラー級数	94
等傾線	6
同次形	18
同次線形微分方程式	40
特異解	13
特殊解	3, 11
特性方程式	45

に

ニュートンの冷却法則	2
任意定数	3, 11

ひ

ピカールの逐次近似法	101
非同次項	40
非同次線形微分方程式	50
微分（differential）	30
微分方程式	2, 10
オイラーの——	59
クレーローの——	29

線形——	10	方向の場	6
——の解	11	**ま・み**	
——の階数	10	マルサスの法則	4
ベルヌーイの——	27	未定係数法	51
リッカチの——	29	**り・れ・ろ**	
連立——	10	リッカチの微分方程式	29
へ・ほ		連立微分方程式	10, 60
ベキ級数	92	ロジスティック方程式	4
ベルヌーイ形	27	ロンスキアン	42
ベルヌーイの微分方程式	27		
変数分離形	16		

著者紹介

小寺平治（こでらへいじ）

1940年　東京都に生まれる
1969年　東京教育大学理学部数学科卒，同大学院数学専攻博士課程を経て，愛知教育大学助教授・同教授を歴任
現　在　愛知教育大学名誉教授
専　攻　数学基礎論・数理哲学
主　著　『初めて学ぶ線形代数』現代数学社
　　　　『明解演習　線形代数』共立出版
　　　　『明解演習　微分積分』共立出版
　　　　『明解演習　数理統計』共立出版
　　　　『基礎数学ポプリー』裳華房
　　　　『入門＝ファジィ数学』遊星社
　　　　『新統計入門』裳華房
　　　　『クイックマスター線形代数　改訂版』共立出版
　　　　『クイックマスター微分積分』共立出版
　　　　『なっとくする微分方程式』講談社
　　　　『新版　大学入試数学のルーツ』現代数学社
　　　　『ゼロから学ぶ統計解析』講談社
　　　　『テキスト　線形代数』共立出版
　　　　『テキスト　微分積分』共立出版
　　　　『テキスト　複素解析』共立出版
　　　　『超入門　微分積分』講談社
　　　　『超入門　線形代数』講談社
　　　　『はじめての統計15講』講談社

テキスト 微分方程式
A text differential equation

著　者　小寺平治　© 2006
発行者　南條光章
発　行　共立出版株式会社

2006年10月24日　初版1刷発行
2024年4月25日　初版26刷発行

東京都文京区小日向4丁目6番19号
電話　東京(03)3947-2511番（代表）
郵便番号112-0006
振替口座00110-2-57035番
URL　https://www.kyoritsu-pub.co.jp

印　刷　中央印刷株式会社
製　本　協栄製本

検印廃止
NDC 413.6
ISBN 978-4-320-01826-6

一般社団法人
自然科学書協会
会員

Printed in Japan

JCOPY　＜出版者著作権管理機構委託出版物＞
本書の無断複製は著作権法上での例外を除き禁じられています．複製される場合は，そのつど事前に，出版者著作権管理機構（TEL：03-5244-5088，FAX：03-5244-5089，e-mail：info@jcopy.or.jp）の許諾を得てください．

◆ 色彩効果の図解と本文の簡潔な解説により数学の諸概念を一目瞭然化！

ドイツ Deutscher Taschenbuch Verlag 社の『dtv-Atlas事典シリーズ』は，見開き2ページで1つのテーマが完結するように構成されている。右ページに本文の簡潔で分り易い解説を記載し，かつ左ページにそのテーマの中心的な話題を図像化して表現し，本文と図解の相乗効果で理解をより深められるように工夫されている。これは，他の類書には見られない『dtv-Atlas事典シリーズ』に共通する最大の特徴と言える。本書は，このシリーズの『dtv-Atlas Mathematik』と『dtv-Atlas Schulmathematik』の日本語翻訳版。

カラー図解 数学事典

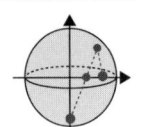

Fritz Reinhardt・Heinrich Soeder［著］
Gerd Falk［図作］
浪川幸彦・成木勇夫・長岡昇勇・林　芳樹［訳］

数学の最も重要な分野の諸概念を網羅的に収録し，その概観を分り易く提供。数学を理解するためには，繰り返し熟考し，計算し，図を書く必要があるが，本書のカラー図解ページはその助けとなる。

【主要目次】　まえがき／記号の索引／序章／数理論理学／集合論／関係と構造／数系の構成／代数学／数論／幾何学／解析幾何学／位相空間論／代数的位相幾何学／グラフ理論／実解析学の基礎／微分法／積分法／関数解析学／微分方程式論／微分幾何学／複素関数論／組合せ論／確率論と統計学／線形計画法／参考文献／索引／著者紹介／訳者あとがき／訳者紹介

■菊判・ソフト上製本・508頁・定価6,050円(税込)■

カラー図解 学校数学事典

Fritz Reinhardt［著］
Carsten Reinhardt・Ingo Reinhardt［図作］
長岡昇勇・長岡由美子［訳］

『カラー図解 数学事典』の姉妹編として，日本の中学・高校・大学初年級に相当するドイツ・ギムナジウム第5学年から13学年で学ぶ学校数学の基礎概念を1冊に編纂。定義は青で印刷し，定理や重要な結果は緑色で網掛けし，幾何学では彩色がより効果を上げている。

【主要目次】　まえがき／記号一覧／図表頁凡例／短縮形一覧／学校数学の単元分野／集合論の表現／数集合／方程式と不等式／対応と関数／極限値概念／微分計算と積分計算／平面幾何学／空間幾何学／解析幾何学とベクトル計算／推測統計学／論理学／公式集／参考文献／索引／著者紹介／訳者あとがき／訳者紹介

■菊判・ソフト上製本・296頁・定価4,400円(税込)■

www.kyoritsu-pub.co.jp　　共立出版　　(価格は変更される場合がございます)